寻味日韩：割烹纵意

蔡澜／著

青岛出版社

图书在版编目（CIP）数据

寻味日韩：割烹纵意 / 蔡澜著. – 青岛：青岛出版社, 2018.2（蔡澜寻味世界系列）
ISBN 978-7-5552-6774-4

Ⅰ.①寻… Ⅱ.①蔡… Ⅲ.①饮食–文化–日本 ②饮食–文化–韩国
Ⅳ.①TS971.203.13 ②TS971.203.12.6

中国版本图书馆CIP数据核字（2018）第025952号

书　　名　寻味日韩：割烹纵意
著　　者　蔡　澜
出版发行　青岛出版社
社　　址　青岛市海尔路182号（266061）
本社网址　http://www.qdpub.com
邮购电话　13335059110　0532-68068026
选题策划　刘海波　贺　林
责任编辑　贾华杰
插　　画　苏美璐
设计制作　任珊珊　杨晓雯
制　　版　青岛帝骄文化传播有限公司
印　　刷　青岛名扬数码印刷有限责任公司
出版日期　2018年7月第1版　2018年7月第1次印刷
开　　本　32开（890毫米×1240毫米）
印　　张　8.5
字　　数　200千
图　　数　29幅
印　　数　1-10000
书　　号　ISBN 978-7-5552-6774-4
定　　价　45.00元

编校质量、盗版监督服务电话　4006532017　0532-68068638
建议陈列类别：散文类　饮食文化类

目 录

日本篇

第一章 刁饕客的飨宴

第二章 智行者的邂逅

韩国篇

第一章 “吃不饱”的美食

第二章 “嗨”不厌的探游

第一章

刁饕客的飨宴

南 禅 寺

大雪中的京都，这个到处都是寺庙的古城，被一片白色笼罩着庙顶和大地，又是另一种感觉。

南禅寺离市中心不远。大门有三重，庄严，宽大；院中有“枯山水”庭园设计。它并不像一般寺庙那么有香火气，平平静静，朝拜者不多。我和朋友三人，一块儿到访，主要不是去参禅，而是去尝这间寺里出名的“奥丹”汤豆腐。

和尚招呼我们到一个小亭中，这里除了四根柱子，没有任何东西挡风。大雪纷飞，我们扫开小椅上的积雪坐下。

接着，和尚拿了四瓶烫热的清酒给我们。各人连饮数杯，敬回和尚，他也是海量。和尚也可以吃酒吗？他答道，美好的东西，佛也应该尝之。他在寒风中只穿一件单衣，不喝醉脸已通红，身体异常健壮，似有武功，对白幽默，有如武侠小说中的人物。

汤豆腐装在一个大砂锅中，下面生炭火，热烘烘地上桌。往锅中一看，锅底铺着一大块日本人叫为“昆布”的海带。整锅汤的味道就是出自这块海带，上面滚着雪白的豆腐。单单这两样，其他什么作料也没有。

这么清淡的东西怎么吃得下？刚在这样想的时候，豆腐的香味已喷出，一阵阵地直冲入鼻。我们正要举筷，和尚说再过一会儿才入味，只好耐心等待。

日本人说京都是从水中生出来的。原来京都这地方在太古时代是由湖底隆起的沙土堆积而成的，它的湖水和川的水极清，酿出来的酒香甜。我们喝的是伏见川的酒，猛饮后不知不觉中醉意袭来。

汤豆腐已经可以吃了。用一根削尖的竹管往小方块豆腐一插，提起来蘸了淡酱油入口。正如墨有五色，这豆腐也有五种不同味道，给人留下无穷的回忆。

雪已渐小，天气转暖，地下积雪慢慢融化，即结成薄冰。夕阳反射，小道变成一条黄金带子。我们相扶起身，一路高歌。和尚在寺门口笑脸送客，一片禅味。

大　市

又到京都来吃山瑞[1]。日本人也说京都人爱美，钱只肯花在衣服上，吃上最俭省，没有什么好东西；但是京都的山瑞，却是天下美味。

“大市”这家老店躲在小巷里面，不容易找到，只有最懂得吃的人才会摸上门。

以人头算的，不能叫菜，只是一味山瑞，而且还只是三道罢了。

前菜是一小碗山瑞脚、肝和卵，加酱油煮出来的。中间一锅山瑞肉，女侍者先舀一碗汤给客人喝，这一喝，便喝上了瘾，从此非一来再来不可。最后是用山瑞汤煮成的粥，就此而已。

“要卖一千五百港元一客[2]。”我说。

“就吃这些东西？”同行的友人问。

我点头道：“就吃这些东西。”

这些东西，一吃就吃了一百年。

店主说：“我每天烧，不可能烧得不好。从我祖先做起，我的儿子，我的孙子，也会继续做。我知道，他们也会做得好。”

到底是什么秘方？非研究不可。

“就是加酒和加酱油罢了。”店主说。

“让我来学习好吗？”上几次来京都小住时，向老板提出这个要求。

“厨房不大，你不怕挤的话，欢迎你来看。”他爽快地答应了。

我一连在他那里看了两天。

山瑞当然是选最高级的，半个沙田柚那么大，和街市中看到的甲鱼，价钱有天渊之别。虽是同类，但一个是皇帝，一个是平民。

将肉切成乒乓球状，洗干净后备用。把一个用了数十年的砂锅放在炭炉上烧，烧得砂锅通红。加日本清酒，酒“沙”的一声挥发时，即刻放进山瑞肉，加点酱油，就那么煮个十分钟，捧上桌。

真的，最好吃的食物，就是那么简单地做出来，但是要做得像他们那么好，还需百年。

河豚大餐

和生蚝[3]一样，河豚最美味的季节是英文名称上有“ber”的那几个月，September[4]到December[5]。但是，在大阪有一家河豚店，一年四季都做生意。

在最热闹的“黑门市场”中，你会找到“滨藤”。

先来一小碗，中间有块“豆腐”，是用河豚的精子做的，甜美得很。

接下去有切成薄片的刺身或斩成大件的鱼块，都是生吃的。有唐扬河豚，“唐扬”是炸的意思，有点像河豚天妇罗[6]。也有烤熟来吃的。鱼皮和骨头滚汤，最后捞起汤渣，加白饭下去，煮个稀烂后打几个鸡蛋，再撒葱花。哇，香甜得不得了，一吃三大碗，饱死为止。

河豚的鱼翅，晒干后拿去烤，再放进酒杯，注入很热的清酒，是醉人的佳品。但我还是喜欢喝泡了熟河豚精子的酒，一点也不腥，是乳白状，喝完之后好像精力特别旺盛，心理作用罢了。

在“滨藤”吃河豚，价钱只要东京的三分之一。我每次来大阪一定光顾，文章写过一篇又一篇，不断地介绍河豚这味人间极品。

吃河豚，是潇洒；带危险，更是风流。日本人的河豚读成“fugu”，和福气的“福”字同音。的确，能享受此种美味，是口福。

书法家和画家北大路鲁山人说：“人生不如意事十之八九，吃了河豚，才知道做人还是值得的。”

滨藤

大阪市中央区日本桥一丁目 21-8　　06-644-4832-4833

美 美 卯

我只爱吃面，不喜欢乌冬[7]，但是凡事有例外。如果我人在大阪，有时也会去一间叫“美美卯”的老铺去吃乌冬。这家老铺也许可以说得上是日本最佳的乌冬铺之一吧，“乌冬痴”会发狂。

“美美卯”创业至今也有两百年了，名流贵族都曾光顾，谷崎润一郎也最爱去吃碗乌冬。至今，老店还是那么古色古香。

主角是用各种配料来做的乌冬火锅。分梅，四千日元；竹，五千五百日元；松，六千五百日元；菊，七千五百日元。价钱多年不变。

内容有什么？送酒小品：煮小螺、三文鱼、虾等；醋之物有腌八爪鱼；刺身看是什么季节，就切什么当造[8]的鱼；天妇罗炸虾、芝麻豆腐。然后是主菜料：蛤、鳗鱼、鸡、白菜、萝卜、冬菇和豆腐皮。最后送上甜品。

一大锅汤上桌，滚了之后就把材料放入，再加店里特制的粗大的乌冬。

花样搞得特别的是有个四方木盒，打开一看，是一人份的两尾活虾，用夹子夹了放入汤中。日本人一看哇哇惊叹厉害。我们吃惯白灼虾的，也不觉什么稀奇。

关键在于汤底。昆布愈熬愈出味，加上蛤和鸡肉，口感鲜甜。当然，我们不会忘记日本人吃味精是家常便饭。

乌冬煨得熟透，就算是我这种没什么兴趣的人，也能吃它一两碗。

舀汤的匙是用一个贝壳夹在树枝上做成的，但用得久了摇摇晃晃，像这里的女侍者一般。

四千日元和七千五百日元的定食基本上分别不大。我最喜欢的还是这家人的“割子面”，也叫“碗子面”，一碗碗地倒给你吃，随意任吃。那个碗本来是圆底的，不能停留在桌上，客人非一直吃下去不可；但这家已“改良”为普通碗，不那么好玩了。

美美卯

大阪市中央区平野 4-6-18　06-6231-5770

粹

我在心斋桥的商店中，看到一块招牌，写着个“粹”字。“粹”日文念成“iki”，意思是漂亮、俊俏、潇洒、风流。

店主人冈田利胜认出我，把店里最好的东西都拿了出来。想不到他们烧的乌鱼子是那么好吃，绝对不比中国台湾的差。中国台湾本地乌鱼子已经被人吃得七七八八，现在吃的多数是从其他地区输入的。日本还有少量的真正乌鱼子，微火烤后拿来下酒，吃不饱的菜，最妙。

柜台的玻璃橱中有 kinki[9]，用清酒和酱油来煮，不逊中国的熏鱼。但是这种鱼不受大阪人喜爱，他们认为 isaki[10] 比 kinki 更好吃。我不同意，主人冈田也不同意，他说所以 isaki 没有入货，只卖 kinki。我们又不谋而合地说煮才好吃，炸了就可惜了。

生东西还有“岩蚝”，这种野生的蚝，壳很厚，像块大石头，至少要一二十年才能长得那么大。人工养的蚝壳很薄，味道简直不能比。把“岩蚝”剥开，里面的肉一口咬不下，用刀切成三块才能吃，甘甜无比。

冈田又拿出腌鲍鱼肠来。我吃完之后用烫热的清酒淋在吃剩的肠汁上，一口干了，看得冈田大力点头赞许。

见菜单上有豆腐乳，即刻要来试。之前不知道日本也有这种渍物。冈田说，九州人会把豆腐炸了，放进味噌酱中腌一个星期。这一块豆腐乳是他亲自炮制的。

进口一试，不咸。豆腐乳做得不咸的，之前只在“镛记”吃过，想不到日本人也会做。

价钱相当公道，更给冈田选择三样菜下酒，一共三千八百日元。如果七样菜，也只要六千日元，合四百多块港币，在香港绝对吃不到。下次你经过大阪，绝对推荐你去试试。

粋

大阪市东心斋桥 2–5–31　816–6212–1344

一 二 楼

下榻温泉旅馆之前，我们先去蕨野的老友开的寿司铺，店的名字也特别，叫“一二楼”。

一进门就看到寿司柜台后的水箱，里面有许多从未见过的鱼类、贝类。

“水是从店对面的大海里一桶桶汲取的。”老板坂部行仲解释，“先养个两三天，鱼、虾、蟹的肠才冲得干净。”

“为什么水箱那么幽暗？”我问。

“深海，”坂部反问，“怎会亮？”

先杀一条鱼来吃。这鱼样子古怪，左右还长着翅膀，拉开了像一只麻鹰。切片上桌，啊，很少吃到香味那么浓的鱼，甜入心，细尝后像满口“味之素”。

见有鳗鱼。寿司铺不用河鳗，都是海鳗。但这是所谓关东人的东京寿司铺才守的规矩。关东以外的，才不管你河鳗、海鳗，照卖。

烤鳗鱼的蒲烧大家吃得多，刺身试过吗？原来河鳗肥胖起来是那么美味，可惜皮不可生吃。

坂部再从水箱中捞出一只大螃蟹。这种蟹日本人称之为“渡蟹”，“渡”的意思是流浪。“渡蟹”喜欢“移民”，不停地搬家。

从中间一刀剖开，蟹两边充满红膏。坂部把烧红的陶盆放在我们面前，把螃蟹摆了上去，就那么烤熟，连盐都不加。靠蟹身上的海水，已够味。

最后上桌的是煮八爪鱼的头，公的，头中有白色半透明的膏，是精子。

“精子怎么长在头上？”同行小妹妹问。

我懒洋洋地道：“这是名副其实的谷精上脑呀！”

大家大笑。

一二楼

淡路岛北淡路町富岛　0799-82-0031

烧 鱼 头

一次，在日本金泽，吃到了真正的近海金枪鱼：日本人称之为“本鲔”，肉质完全不同，最为珍贵。

一般鱼的头，日本人是不吃的。我们做留学生时常到百货公司地下的海鲜部向鱼贩要，他们很客气地拣几个特大的，用玻璃纸包好免费赠送。我们拿回去加咖喱同煮，不知多么美味。

日本人只有鲷鱼的头才吃。鲷鱼（tai）的音和“恭贺（omedetai）”的尾部相同，意头好，所以连它的头也煮来吃。

在中国香港，我们会叫大师傅把油甘鱼[11]的鱼头拿盐来烧，日本的寿司店是绝对不会做给你吃的。

日本人盐烧鱼头，也只用金枪鱼的。从其他国家进口的鱼头部被切掉了，只有抓到“本鲔”时才有鱼头。东京、大阪不做，仅湖南[12]一带的海边才供应，称之为“胄烧”。

“胄”的形象，来自日本古代将军上战场所戴的头盔，黑泽明电影中经常出现的那种，一个金枪鱼头至少有那么大。

也只有湖南海边餐厅才有比金枪鱼头更大的烤箱，一个鱼头要炭焙上一个小时才能熟透。

侍者用中餐馆桌上的旋转玻璃那么大的瓷盆将鱼头装着拿出来，香喷喷的。

大家举筷，先抢頬部的面肉。这两片东西在普通鱼头上只有邮票那么小，但是金枪鱼头上的，面积相当于一块八盎司的牛排。

众人挖呀，挖呀，骨头一松，大如苹果的眼睛“啵”的一声掉下，带着胶质，黏黐黐瞪着，吓得助手徐燕华魂飞魄散。

我则大叫“章小蕙”，笑得其他人七颠八倒。

牛银本店

翌日睡得很迟，到九点钟才出发。

我们两人包了一辆“珍宝”大型的士，不为舒服，只为计算旅游巴士的行车时间。

公路休息站五十分钟就到了。我们的团友最喜欢这种地方，买买当地土产，喝喝饮料，吃吃雪糕，都变回小孩子。

车子又开了半小时，就看到路旁很多写着“牛”字的大招牌，知道已经到达著名的松阪。

吃松阪牛的餐厅数之不尽，丰俭由人，老远水路[13]到来，当然选最好的。

“牛银本店”已有上百年历史，木造建筑物，磨得光亮的长廊地板，走上二楼是榻榻米的大厅，用的是圆桌。日本人惯用方台，很少用这种样子的。

桌中有一个洞，也看不到接煤气的管。我们坐了下来，侍女提来个铁架，架中盛着烧红的炭，一点烟也没有，她就那么把铁架装进圆洞里。

做锄烧的铁锅很小，但很深。侍女拿一块肥肉润滑了四周，就把带着“雪花”的松阪牛肉放进去。一客只有两片，比普通锄烧的肉厚很多，然后她只下糖和酱油，再加一点昆布清汤，就那么煮了起来。盛惠[14]一千多港元一客。

“最原始的吃法，肉是应该那么厚的。”她解释，“这才能吃出味来。”

怎么原始也好，两片怎够？再要多一客。侍女说吃完再说，我坚持先来。吞下两片，竟然饱饱；到了第三片，已有点勉强。那些“雪花”尽是脂肪，不是闹着玩的。

捧着肚子走出来。吃过那么多次，到今天才知道什么是真正的sukiyaki[15]。

店旁有间专卖店，能把最高级的松阪牛肉装箱，在你出发之前送到机场去。

牛银本店

三重县松阪市鱼町一丁目　0598-21-0404

樱　桃

这次到山形县，主要是吃樱桃。日本到处有樱花，盛开时一片樱海，那么，结成果实不是不得了吗？

要知道，樱花树与樱桃树是不同的，后者属于玫瑰科。瑞士已出土有石器时代的樱桃的种子；靠渡鸦，樱桃分布于世界各国。

到明治初年，日本才从美国引入樱桃，但初期因湿气多，果实裂开，多为劣货，后来经过改种又改种，才有当今的成果。

世界上樱桃的种类有一千种以上，日本约有三十种，最著名的有“佐藤锦”“高砂”“南阳”“拿破仑”等。

山形县东根市的佐藤荣助研究了樱桃十六年，为了避免雨水过多，搭篷来遮，开花后不让冰霜伤害，也要以温室处理，多种花粉的交配之下，于一九二八年成功推出“佐藤锦”。日语“佐藤”发音同“砂糖”，樱桃又像糖那么甜，因而命名为“佐藤锦”。

樱桃通常在每年五月二十日到六月上旬就能上市，这时候的还不是太好吃，从六月中旬到七月上旬才是樱桃最成熟的时候，我们乘这时期到达果园。

塑料篷有二十几英尺[16]高，盖着十几英尺高的樱桃树，任采。日本人一向爱干净，问说："核怎么处理？"

"丢在地上好了。"园主回答。这下可乐了，大家乱吐。一下子吃了几十颗，应该够本。在东京的"千匹屋"高级水果店，一小木盒二十颗，卖到一万多日元不出奇，平均一颗港币二十元左右。

但是真的有砂糖那么甜吗？又不是。园主说愈高处的愈好，我们都爬上梯去，采到另一种叫"红秀峰"的新品种，较佳。园主又拼命解释，说今年雨水特别多，搭篷也挡不住。我们无奈，希望明年造访时再吃。

回到餐馆，山形县的知事吉村美荣子奉上一盒红似西红柿的"红秀峰"。那倒是像当地人说的"田中红宝石"了，甜得不得了，与美国、澳洲的紫色品种，有天渊之别。

关东煮 & 关西煮

各地的日本料理开得通街都是，起初什么都卖，刺身、天妇罗、铁板烧、乌冬、拉面，应有尽有。对日本烹调有点认识之后，一看就知道不正宗。日本人做事都很专一，一种料理做得好已不容易，哪会什么都有？

渐渐地，各种日本料理已分开类别，卖鱼的卖鱼，卖肉的卖肉，一间店中不会烤鳗鱼和锄烧同时出现。大家都做得很专，比较少涉足的 oden[17] 反而在便利店里有得[18]卖，当然是不好吃。

Oden 是一种平民化的杂煮，没有汉字，勉强译上，应该是“御田”。从室町时代开始，就有用木签插着豆腐，煮后加上甜味噌的吃法，叫为“田乐”；而“田乐”这个名字是从种米季节祭神的舞蹈“田乐舞”中得来的。

做法分东京的和大阪的，前者的汤底用鲣鱼、浓酱油、砂糖和味琳熬制，而大阪式则用昆布取代鲣鱼。我们不求甚解，凡是这类食物都叫“关东煮”或“关西煮”。中国台湾地区的叫法更独特，称之为“黑轮”。这要用福建话来发音才能明白，“黑”亦叫“乌”，而“轮”则是den，二字接起来，就成了“黑轮”。

最基本的食材有些什么？萝卜少不了，切成一个个的大块，这是东、西共同的。关东煮的特色有：Hanpen[19]，一种鲨鱼加山芋擂成的鱼饼；信田卷，用肉、蔬菜、鱼饼蒸起来再炸的东西；鱼筋，用鲨鱼的皮和软骨擂成球状再炸出来；Chikuwabu，有时用汉字写成“竹轮麸”，以小麦粉加盐炸出；Satumaage[20]，用杂鱼做成长条状的鱼饼炸出。

而关西煮，食材则以鲸鱼的各个部位为主：Saezuri是鲸鱼舌。鲸筋照字面。Hirousu，用胡萝卜、牛蒡、银杏和百合的根部为馅，豆腐包之，再炸。Hiraten更是有代表性，压成长方形扁块，小的叫“角头”，大的叫“大角头”；北海道人做的又大又厚，也叫“围巾”。[21]

一般客人喜爱的还有牛筋和叫为“春雨”的粉丝、卤鸡蛋等等。本身一点味道也没有的蒟蒻，用汤煮过后也有人吃上瘾。另有八爪鱼，和萝卜一起煮过，看样子很硬，吃起来就知道非常软熟。

在日本国立国会图书馆中有幅一八五八年的画，从中可见小贩是扛着来叫卖oden的。到了二十世纪五六十年代，在冬天，深夜的街道还有档口[22]。客人坐下，烫了清酒，叫一两串热腾腾的关东煮来吃，味道和回忆，都非常温暖。当今的都搬进店里了。

东京最有名的老店“御多幸本店”，从一九二三年开到现在。地下是柜台式，二三楼有桌子可坐。店长叫坂野善弘。店里很受欢迎的还有 tomeshi[23]，是一碗白饭上加一块炸豆腐，淋上汤汁，只卖三百九十日元。

我到东京，吃厌了大鱼大肉后，很喜欢在寒冷的冬夜跑去这家店，每次都满足地捧着肚子散步回酒店。

在东京也能吃到关西煮，“大多福”从一九一五年营业至今，店主为第五代传人舩大工荣。这家店用北海道日高的昆布来熬汤，加上他们称为“白酱油”的生抽，味道浓淡适中。大阪的店多用鲸鱼为食材，当今东京人也有了环保意识，这家人也少采用了。

店就开在法善寺内，门口有个古老的大灯笼，用毛笔写着“大多福”三个字。外卖的话，有个陶瓶装着食物和汤，很有怀旧味道。

到了大阪，最有名的是“Tako 梅本店”[24]，是日本最老的，由一七一一年营业至今。当今在市内有四家分店，吃的话还是去本店最佳。

当然还有鲸鱼的各个部位可吃，但劝大家还是免了吧，改吃著名的“八爪鱼甘露煮”好了，一定会留下深刻的印象。

到京都，则有“蛸长”，从一八八三年营业至今，自古以来最受文人墨客欢迎。到“只园”和艺伎玩了一夜，带艺伎们去“蛸长”吃点关西煮。一走进店，就看到一个巨大的方形铜锅，里面整齐地摆着各种食材，一目了然。指指点点便可，不懂得日本话也没有问题。

附带一句，我们看到碟中的汤，一定忍不住来一口，但是，日本人是绝对不喝的。吃关东煮点黄色芥末也是特色。“座头市”系列电影中，胜新太郎演的盲侠吃 oden，拼命涂芥末，呛到眼泪都出来，让人印象犹深。

御多幸本店

东京中央区日本桥 2-2-3　+813-3243-8282

营业时间：中午从 11：30 到 14：00，晚上从 17：00 到 23：00，星期天休息。
* 不能用信用卡。

大多福

东京台东区千束 1-6-2　+813-3871-2521

营业时间：一般只在晚上营业，从 17：00 到 23：00。星期天和公众假期照开，中午从 12：00 到 14：00，晚上从 18：00 到 22：00。

蛸长

京都市东山区宫川筋 1-237　+8175-525-0170

日本威士忌

当我喝日本威士忌的时候，常被取笑：“日本威士忌带点甜，是不是下了‘味之素’？”

“是吗？”苏格兰人也说，“日本产威士忌吗？”

是的，日本老早已产威士忌了。他们是一个爱喝威士忌的民族，因为日本除了烧酎之外，高酒精度的酒不多，酒徒们对清酒不满足的时候，只转向威士忌，不像中国人那么喜欢喝白兰地。日本有一个叫竹鹤孝政的，在一九一八年去苏格兰学习酿造威士忌，又娶了一个苏格兰太太回来，在北海道建立 Nikka[25] 的“余市”威士忌厂。

在二十世纪六十年代，我还是学生时，那时候喝的“Suntory Red”[26]，是便宜的威士忌，容量有正常的七百五十毫升的两倍，故叫“Double”[27]。只卖几十块港币，大家都喝得起。

酒吧当然不卖“Double”，那就得喝高级一点的。用个四方透明玻璃瓶装的威士忌，也是 Suntory[28] 厂制造的，日本人很亲热地叫它的小名“角瓶”。好喝吗？比“ Double”贵，感觉上已经美味得多了。

至于在酒吧中卖的最高级的牌子，叫“Suntory Old”[29]，是个全黑色的圆形瓶子。能喝到“Old”的，是部长级的人物；到了银座酒吧的高贵客人，至少得来一瓶。

不喝苏格兰威士忌吗？当然也喝。日本人一听到就大叫：“洋酒！”好像所有进口的都是最珍贵的似的，有一瓶“尊尼获加红”牌的，就不得了了。当年如果能喝到同厂的“黑”牌，那你就是社长级人物了。

说来说去，当年的“威士忌”是代表的“混合威士忌”，“Double”也是，“角瓶”也是，“尊尼获加”也是，全是。没有人知道“单麦威士忌”是什么东西。

喝单麦威士忌，是这三四十年间的事。至今，还有很多人没有把这个名字搞清楚。再重复一次，“单”，并非指一种麦，而是“一家酒厂”的意思（混合威士忌可以从很多家厂买来沟[30]出自己的味道）；而麦，是指用麦芽发酵提炼，其他谷物做的都不行。

麦芽酿制又蒸馏出来的威士忌，是透明的，是无味的，要浸在橡木桶之中，陈年之后才有色彩和味道，这是最简单的道理。

日本人喝威士忌，最爱加冰和沟苏打水，叫“high

ball”[31]。当今年轻人都没听过，那是混合威士忌的喝法。单麦威士忌是不加水的，但偶尔加几滴去“打开”味蕾，有时也只加一小块冰，老酒鬼还是喝纯的。

二十年前我带团去北海道，参观了“余市”酒厂。他们是单麦威士忌的始祖，在酒瓶上用汉字写着“单一蒸馏的麦芽”几个字，好给日本人辨认。当时卖的，一瓶也不过是百多两百块港币罢了。

我向客人推荐“余市”时，都被嗤之以鼻，而今一九八八年的已卖到两万港元一瓶了。日本人从零开始，精益求精地把他们的威士忌带到国际舞台当中，而能形成独一无二的个性，是因为他们开始用自己的橡木造桶，再以北海道的雪水清泉酿制。

Nikka除了北海道的“余市”之外，还有在仙台的“宫城峡”酒厂生产，其所产的“宫城峡”也颇受酒徒注意。它的历史并不算长久，建于一九六九年。竹鹤孝政找遍了全国，认为仙台的水质最适合酿制单麦威士忌，加上当地的湿气很重，也是造成独特味道的重要一环。这一家与“余市”完全不同，一切用最高科技来生产，不经人手，产品水平稳定。十三年的“宫城峡”最好，十二年的喝得过。

日本最大的酿酒厂是Suntory，虽然啤酒是公司的命脉，但从他们的“角瓶”“Old”的威士忌开始，经历多年的演变和进步，最后在二〇〇三年国际烈酒博览会中，“山崎”十二年赢得国际大奖，日本单麦威士忌才令人对它刮目相看。

“山崎”已是公司的旗舰，同厂的“响”更获得无数大奖。日本威士忌的基础打得很好，最初都用些雪梨木桶来熟睡，不偷工减料。当今的“山崎”十八年最美味，十年的也已经不错，另外同公司的“白州”更是多人爱好。“白州”的一支“Heavily Peated”[32]，喜欢泥煤味威士忌的人不能错过。

“轻井泽”已停止酿造，变成神话了。限量版“命之水”的“轻井泽”是七万八千港元一瓶，现在再去追求已经太迟。如果你想要现在入货的话，建议你去买“秩父”，它也是Ichiro[33]酒厂生产的。“Ichiro”以卖日本烧酎起家，是九州岛酒厂的，早年只注重卖他们最卖得[34]的烧酎，不去宣传他们最好的单麦威士忌，现在再用“秩父”来迎头赶上。

这家厂的商品有“Ichiro's Malt & Grain ”、“Ichiro's Malt”、“Chichibu Newborn Barrel”和主要的“Ichiro's Malt Chichibu The First”，[35]都是收藏的好对象。

在二〇一五年，香港拍卖的单麦威士忌的最高价是每瓶九万六千港元，相当于四十五年前的“轻井泽”。为什么一早不买呢？这和一早不买房地产一样，粤人说“有早知，冇乞儿”（早知道的话就没乞丐了）。乘你现在还喝得起“响”十七年、“竹鹤”二十一年，喝一个饱吧。

Tore Tore Ichiba[36]

我们的旅行团很少带人去看风景，所到的“庙”或“神社”，是菜市场、鱼市场。

其中最大的一座，在和歌山白滨，没有汉字名，叫“Tore Tore Ichiba”，占地五万四千平方英尺[37]。

这个鱼市场真是好玩，有水族馆般大的玻璃鱼缸，里面的鱼不是观赏用，全部是卖给客人吃的。

日本渔业发达，拖网已经把鱼捕得一干二净，在东京或大阪吃到的金枪鱼，多数是从印度或西班牙抓来的。真正的日本金枪叫为“hon maguro”[38]，这里的近海还能抓到，只供当地人吃，味道完全不同，不亲自尝过其鲜美，是不能用文字形容的。

市场中也有一处表演杀鱼。一尾七八英尺长的金枪，不到五分钟即能分解，小贩把每个部分的肉用保鲜膜包好，再去急冻。

但金枪鱼肉一冷藏便逊色许多，在这里可以现买现吃。

中国香港人对赤红的 maguro[39] 印象不佳，以为都是贱货，要吃就吃肚腩部分粉红色的 toro[40]。日本老饕偷笑，因为日本海的 hon maguro，滋味清新甘甜，绝不油腻，不知比肚腩部分好吃多少。

鱼市场中还有生鲍鱼、海胆等出售，价钱比在寿司铺吃到的便宜一半。站在小贩摊前，向他们要点山葵和蚝油，即刻吃之，乐趣无穷。

食档可坐五百人，种种食物应有尽有。最好吃的是所谓“一夜干”的腌制鱿鱼，盐渍一个晚上，到第二、三日就没那么鲜了，所以一定要翌日吃。

除了海产，商店中也卖草饼、纪念品、日本酒、洋酒、生肉和水果等等。白滨附近盛产梅花，有各类的酸梅，有的用蜜糖腌渍，又可口又便宜，多数客人都会买一两盒回去。值得一提的是，市场外有一家人，卖的牛奶是我喝过的之中最好的，比北海道牛奶更香滑。

Tore Tore Ichiba

和歌山县西牟娄郡白滨町坚田 2521　　0739-42-10101

昆　布

从函馆到登别的途中，经过“昆布馆”，走进去看一看。

先用馆中的洗手间。面对着的是个小电视机，播的片子是介绍昆布的种种用途的。走进“昆布馆”，有一个一百八十度的大银幕，放映拍摄昆布的采收过程的片子，好看的是那个游来游去的裸女。

楼顶很高，庞大的昆布馆中有个工厂。职员们辛勤地把一张很厚的昆布用机器刨得比纸张还要薄。它不只是一场表演，制造出来的昆布还要拿出来卖。

产品应有尽有，挖心思地把昆布炸了、煎了、煮了、蒸了。让人不可思议的是昆布制成品，有的用昆布包着朱古力[41]，有的包着甜酒，还有昆布雪糕。

各种商品都大方地让客人试食，满意才买。贪心的旅客拼命往肚子里吞，职员像是见惯了，也笑嘻嘻不介意。

我对这些海藻类的食物颇有好感，地上的东西都给人类吃完或者改造了基因，海里的宝藏那么丰富，为什么不去吃？

昆布含有大量的营养成分——维生素、铁、钙，食物纤维更能帮助消化。钙含量有牛奶的七倍之多，铁含量更高至一百三十倍，而且卡路里是零。最近科学家引证，说海藻能治癌。治不治癌不知道，好吃是一定的。

别以为做起来麻烦，其实买的干昆布用水冲一冲，再浸个一小时就柔软了。有种快熟的，泡泡水即食，容易得很。

将昆布切成细丝，凉拌蒜蓉和萝卜丝，加点醋，加点盐，已是很美味的下酒菜。昆布本身甜，不求“味精师傅”没有问题。

另一种我经常做的好菜是，把昆布浸软后切成香烟盒般大，用来包五花肉和萝卜条，再用瓢丝当绳子打一个结，然后下酱油和日本酒去滚个一小时，吃了可以连吞白饭三大碗。

海胆之旅

每次为了吃出门，都有一个鲜明的主题，那就特别过瘾了。

像这次去北海道，就是专为海胆去的。在餐厅享用这种食材，其实也是可以的。像我们二十多年前去拍特辑时，到了小樽的“政寿司”，老板拿出来的海胆实在甜美，我就叫他拿了一碗不熟的白饭，再把一整木盒的海胆铺在上面，吃一个饱。后来才出现 unidon[42] 这一道菜来。

但即使“海胆丼”的海胆量，也比不上“任吃”的痛快。这回我们的主题，就是“海胆放题[43]”。

找到北海道盛产海胆的积丹半岛，老板浦口宏之一身黝黑的皮肤，露出白齿相迎。他说：“我是这里抓海胆的名人。”

我问：“是潜水去捕捞的吗？”

他摇头：“从前是的，现在是用潜水眼镜从船上望下去，再用长竿来抓。”

“今天吃什么海胆？”

“紫海胆。”他回答。

“马粪海胆呢？”我又问。

“已经吃得快要绝种了，不过还是为你们准备了一些。”

海胆种类多，加拿大的又肥又大，但一点味道也没有。

积丹半岛美丽的海边，可以看到火山岩的小岛，像一只西洋人眼中的龙。如果想散步过去，也有一座桥，但我们的目的是来吃的，所以先解决。

海边放了长桌椅让我们坐下，接着就是一碟碟的海胆捧上来，大量供应的是紫海胆。所谓“紫”，不过是漆黑。海胆长着长长的刺，还在蠕动。

怎么剥呢？浦口先给我们一只手套，钢丝做的，戴上之后，就可以伸手去抓紧海胆了。把海胆翻过来，看到中间的口。所谓“口”，就是一个小孔。浦口示范，用一根特制的工具，一下子插进海胆口中。这个工具像一把钳子，一边是尖刀，另一边是像剪刀一样的东西。插了进去后，把钳子一抓，就把海胆的壳打开了，非常方便，又不会被海胆刺扎到手。友人傅小姐自己常在加拿大潜水抓海胆，看见有那么方便的工具，即刻向浦口要了几把。他说本来是不卖的，给我面子赠送好了。

打开的海胆有五道腔，浦口叫它们为“房子”：“海胆肉就藏在这五间房子里面，先用刀从底部劏[44]开一圈，就很容易把海胆肉取出来了。”

照他的办法做了，果然很容易做到。他说：“现在就轮到困难的地方了。你们看包住黄颜色的海胆的，是一层黑色的东西，那是海胆的内脏，不可以吃，要除掉。”

这可真的不容易。拿着浦口供应的钳子，我们仔细地把内脏除去，也要花老半天的时间。接着，他说：“海胆拿出来后放在碟子上，我会叫伙计把海水拿来。”

原来这海水也是处理过的，氧分特别高，用它来冲海胆。浦口又问：“你们看不看得到海胆中间那一点点黑色的东西？那是海胆吃剩的海带。海胆只吃海带，所以十分干净。那些黑色的一点点吃下肚也没有问题，但是用海水一冲，就可以完全清除。”

果然见效。我们把海胆一片片地放在小碗中。有些朋友迫不及待地吞进口，叫了出来：“真甜！”

接着，浦口拿出一个个圆形、身上没有尖刺的海胆来，说：“这就是马粪海胆了，名字不好听，但这是海胆中的极品，已经愈来愈少了。”

我们依样画葫芦，把马粪海胆一个个打开，看到一团白色、像骨头的东西。浦口说：“那是海胆的嘴，很尖，什么海带给它一扯就扯了下来，然后慢慢咬烂。”

马粪海胆的颜色比紫海胆的更黄，可以说带点橘黄色。两者的味道一比，当然比出它的鲜甜。一般没有比较的情况下，有紫海胆吃，已很满足了，但是一切就是怕比较。

我们把一碗碗剥好的海胆拿到浦口开的餐厅去，桌子上已经摆着烤好的各种海鲜和刺身，有甜虾、牡丹虾、toro、响螺片、北海贝等等；更有吃不完的烧烤——鱿鱼、hoke[45]鱼、蝾螺、带子等等，怎么吃也吃不完；加上一大碗上面铺满马粪海胆的饭，最后把自己剥的那一碗海胆再添上去，淋上酱油，就那么吃。

最初太贪心，拼命剥、拼命吃的朋友们，这时已将剥好的一部分海胆分给身旁的友人，友人又推给其他同伴。大家都说："早知道不吃那么多饭了。"

但是有了海胆，不用饭来配，又觉得没那么美味，人生真矛盾。吃呀吃，也全部吃精光。我们这一代还是幸福的，相信再过三四十年，全球已无海胆，要吃就快点去吃吧。

从积丹半岛可以去附近的富良野看花田，我们就不去了。这是噱头，只有一小片罢了。要看花，去荷兰看，那才真正是花田！

浦口宏之

8180-5581-7323　uraguchi@quality-t.com

鳗鱼饭

日本料理大行其道，全世界都有，各种各样的店铺林立。最受欢迎的是寿司，其次是拉面，天妇罗也多人吃，但怀石料理较麻烦，所以少人经营。其中最不受重视的是日本斋菜，称为“精进料理”。其实当今吃素的人多，开家日本斋馆是一盘[46]生意。

我去日本，除了吃牛肉的店之外，最爱光顾鳗鱼专门店。在其他国家开的，没有一家做得比日本的更好。起初是不会欣赏鳗鱼饭的，因为我吃不惯带甜的菜式，而鳗鱼的蒲烧，依靠很甜的酱汁；而且鳗鱼肉带着小刺，虽然吃惯了连细骨都能咽下，但刚刚接触时，是很难接受的。

蒲烧鳗鱼非常肥美甘甜，会吃上瘾来，很难罢休，现在已经愈来愈多人欣赏。为什么鳗鱼店在其他国家难以经营，鳗鱼饭只能当成日本餐的一部分，而没有鳗鱼专门店呢？

原因很简单。真正的鳗鱼饭，制作过程繁复：先要劏开鳗鱼，

起了中间那条硬骨，再拔肉中细骨，然后把肉蒸熟，再拿去在炭上烤，一面烤一面淋上甜酱汁。一客鳗鱼饭，从下单到上桌至少需要半个小时，中午繁忙时间客人杀到，要等多久才能吃到？

日本菜中技巧最难掌控的是天妇罗，这是一门由生变熟的学问。表面那层皮得薄如蝉翼，浸在汁中即化。要炸多久，用什么温度，全靠师傅多年累积下来的经验。劣质的天妇罗一吃即腻，皮厚得不得了，吃下去会感到胸闷的。

鳗鱼的蒲烧不同，只要有耐性，在家中也能做得好。从前在“邵氏”有位当日语翻译的陈先生，做得一手好鳗鱼饭，不逊于日本鳗鱼店的老师傅。

当今最难的，是找不到野生的鳗鱼。日本全国的鳗鱼店，有九十五巴仙[47]用的都是人工养殖的，剩下的少数，得去各地找。东京的“野田岩”，是其中之一还用野生鳗鱼的。此店已有二百年历史，早在七八十年前已到巴黎开分店。那个美好年代，法国人已学会欣赏。

其他的有“石桥”、“色川”和“尾花”等。“竹叶亭”是我在日本生活时经常光顾的，因为我的办公室就在京桥。京桥地铁站前面就有一家它的分店，去熟了招呼甚佳。邵逸夫的前妻生前也喜爱吃鳗鱼饭，来了东京必和她去光顾京桥的“竹叶亭”。日前乘车经过，好像已经结束营业了。当今最多人去的还是他们在银座大街上那家，但因不接受订座，门口不断地排长龙，各位还是去他们的本店好了：在古老的建筑物中吃鳗鱼饭，有特别的感受，而且可以订座。

除了这些名店，我到日本乡郊各地旅行，也不停去找当地的鳗鱼专门店。很奇怪的，各处均有一两家屹立不倒。其他料理店一间间关门，但鳗鱼店老板只要专心做，总可以做下去，并且一定有一群喜爱吃鳗鱼饭的客人忠心耿耿地跟随。

到这些小店去，和老板们一谈起鳗鱼，绝对有说不完的话题。大家熟络了，他们会拿出一些独家的佳肴出来给我吃，像鳗鱼内脏做的种种渍物等，每家都不同。

蒲烧之外，当然有白烧，那是不加酱汁的。只要鳗鱼够肥大，怎么做都好吃。最普通的吃法，是把鳗鱼烧了，铺在饭上。盛饭的有长方形的漆盒，或者圆形的。如果叫“鳗重”，那就是一层饭打底，加一层鳗鱼在中间，再铺饭，最后又铺鳗鱼。

吃时撒上的山椒粉，就是我们所谓的花椒粉了。最初吃不惯，还觉得有种肥皂的味道呢，喜欢了就不停地、大量地撒。

另外，最有味道的是那碗汤，中间有条鳗鱼的肠，吃起来苦苦的，但也会吃上瘾。有些鳗鱼店还有烤鳗鱼肠可以另叫，喜欢的人吃完一碟又一碟，每碟有两三串，日本人称为“kimo yaki”[48]；有些还连着鳗鱼的肝，更肥，更美味。

当今到鳗鱼店，有些店的汤中已见不到鳗鱼肠了，那是因为所有的鳗鱼都是进口的，容易腐烂，肠就先丢弃了。

要是想吃鳗鱼的原味，可以到韩国去，那里还有很多野生的，又肥又大。他们通常是把肉起了，放在炭上烧，像吃烤牛肉一样。如果要吃日式的蒲烧，在韩国也能找到一些专门店供应。

野生鳗鱼始终和养殖的不同，初试的人分辨不出，吃久了便知有天渊之别。每次提到野生鳗鱼，我都想起在外国的公园散步，湖中的鳗鱼数不胜数，洋人不会做也不敢去碰，那是多么可惜的事。

我到澳洲，会请餐厅主人派人去抓，他们一定有他们的办法拿到。蒲烧是不会做的，但拿来红烧，也是一大享受。

养殖的鳗鱼蒲烧起来，懂得吃的人会吃出一股泥土味道。这味道来自皮下的那层脂肪，将它去掉，加上酱汁，只吃鳗鱼的肥肉，是可以接受的。友人高木崇行在新加坡经营日本料理，他说用已经烤好的进口中国鳗鱼，把皮去掉，重新淋酱汁再烤，然后铺在饭上，是可以吃到与日本鳗鱼店相差不了多少的味道的。今后我会用他的方法自行研究，看看是否能够做得出来。

竹叶亭

东京中央区银座 8-14-7　+813-3542-0789

寿司礼仪

香港的日本料理开得那么多，但是有些吃日本菜的基本礼仪香港人还没学会。团友们经常有些问题，奉复如次。

问：“寿司到底要不要和酒一块享受？”

答：“世界上的任何一种美食，有了酒，才算完美，寿司也不例外。但是寿司是江户时代的一种快餐演变出来的，寿司店不是又喝酒又聊天的地方。如果这是你的要求，请光顾居酒屋。”

问：“那么面店呢？”

答：“啊，你说得对，除中华拉面店外，日本面店是专给食客喝酒的，所以摆了好酒。近年来，寿司店也进步了，开始注重清酒的质量。”

问：“吃寿司，是否一定要坐柜台才好？”

答：“坐柜台和师傅交谈，是吃寿司的另一种享受，很多高级寿司店是不设桌椅的。”

问：“那不是座位很有限吗？”

答：“所以更不应该又聊天又喝酒，坐太久的话阻碍人家做生意。吃寿司的礼仪应该是吃完就走，别把座位占太久。店里没有客人的话，又另当别论，可以和师傅一直聊下去。”

问：“那么不懂得讲日本话，不是很吃亏？”

答：“当今日本经济不好，生意难做。遇到外国客人，很多寿司师傅都会指手画脚地讲些英语。”

问：“为什么高级寿司店都没有玻璃橱窗，看不到鱼？”

答：“玻璃器皿只是冷冰冰罢了，鱼虾最好放到一个桧木的箱里，再放进雪柜。虽然没有明文规定，但通常第一个木箱摆金枪鱼和鲣鱼。第二个箱摆鲹和鰯，还有虾。虾是看见有客人走进店里才煮的。”

问：“生客不一定吃虾呀。”

答:“是的,不叫的话,留着给套餐用。虾一定是吃不热不冷的,温温地上桌，才是最佳状态，最好的寿司店会做到这一点。”

问：“第三个箱呢？”

答：“摆鱿鱼、缟鲹、比目鱼等，还有海胆。第四个箱摆贝类，如赤贝、乌贝等。”

问：“为什么鱼和贝要分开摆？”

答：“有很多客人要求师傅拿给他们吃，不自己叫。师傅先拿出一块鱼和一块贝，观察他们举手先拿哪一块，喜欢吃贝类的，再下去就多拿几块给他们吃。”

问：“我们已经知道，寿司，捏着饭的叫‘握’，只是吃鱼虾送酒的叫‘撮’。两种吃法有什么共同点？”

答：“共同点就是师傅一拿出来，客人最好在三秒钟里面把它吃光。鱼和饭的温度应该和人体温度一样，过热和过冷都不合格。”

问：“酱油要怎么蘸？”

答：“‘握’寿司的话，手抓起来，打斜着蘸，饭和鱼都各蘸一点点。用紫菜包着海胆，术语叫‘军舰’的，蘸底部就是。有些小鱼小贝，像白饭鱼，铺在饭团上，用紫菜围住的，很容易散开，就要把酱油瓶提起，淋在鱼上面了。”

问：“有些寿司师傅用刷子沾了酱油后擦在鱼上面，那算正不正规？”

答：“那是旧时的吃法，在大阪还很流行。是不是被酱油涂过的很容易分辨得出，看鱼片有没有光泽就知道。”

问：“有人说，吃鱼要先从淡味的鱼开始，像比目鱼等；渐渐地再转浓味的，像 toro 等。有没有根据？”

答：“渐入佳境，也行；先浓后淡，像人生一样，也行。总之，你要怎么吃是你的选择，别听别人的意见，别受所谓专家的影响。”

问：“第一次光顾出名的高级寿司店，要怎么样才好？”

答：“走进去就行了。日本没有什么预约的传统，除非店里指明一定要预约。不过，第一次去有预约也好，让寿司店有个迎接外国客人的心理准备。请你入住的酒店服务部替你订位好了，可以预先指定要坐柜台的。”

问：“不知价钱，怎做预算？”

答：“寿司分三个叫法：一、omakase[49]，那是交给师傅去做的；二、okonomi[50]，那是客人自己点的；三、okimari[51]是定食，通常分松、竹、梅等级数。请酒店服务部替你问明套餐价钱，自己想吃多少付多少，就有个预算了。”

问：“要怎样才能成为熟客？”

答：“当然要去得多呀。第一次去，和哪一个师傅有了沟通，就向他要张名片，下次叫酒店订座时指定要他服务就好了。”

问：“听说有些店是不欢迎外国客人的。”

答：“从前生意好，挤都挤不进去，那倒是真的。当今这种经济，公账开得少了，自己够钱来付的客人不多。店里高兴还来不及，哪有不欢迎外国客的道理？”

关于清酒的二三事

日本清酒，罗马字写作 sake，欧美人不会发音，念为“沙基”。其实那 ke 读成闽南语的“鸡”，普通话就没有相当的字眼，只有学会日本五十音，才念得出 sake 来。

酿法并没想象中那么复杂，大抵上和做中国米酒一样。先磨米，将其洗净、浸水、沥干、蒸熟后，加曲饼和水发酵，过滤后便成清酒。

日本古法是用很大的锅煮饭，又以人一般高的木桶装之。酿酒者要站上楼梯，以木棍搅匀曲饼才能发酵。几十个人一块酿制，看起来工程似乎十分浩大。

当今的都以钢桶代替了木桶，一切机械化，用的工人也少了。到新派酒厂去参观，已没什么看头。

除了大量制造的名牌像“泽之鹤”“菊正宗”等之外，一般的日本酿造厂都规模很小，有的简直是家庭工业，日本每个县都有数十家，所以搞出那么多不同牌子的清酒来，连专家们都看得头晕了。

数十年前，当我还是学生时，清酒只分特级、一级和二级，价钱十分便宜。所以我们绝对不会去买那种小瓶的，一买就是一大瓶，日本人叫为“一升瓶”，有一点四升。

经济起飞后，日本人见法国红酒卖得那么贵，看得眼红，有如心头大恨，就做起“吟酿”来。

什么叫“吟酿”？不过是把一粒粒的米磨完又磨，磨得只剩下一颗芯，才拿去煮熟、发酵和酿制出来的酒。有些日本人认为米的表皮有杂质，磨得愈多杂质愈少，而米的外层含的蛋白质和维生素会影响酒的味道。

日本人叫磨后剩余米的比率为“精米度”，精米度为六十的，等于磨掉了四十巴仙的米。而清酒的级数，取决于精米度：“本酿造”只磨掉三成，“纯米酒”也只磨掉三成，而“特别本酿造”、“特别纯米酒”和“吟酿”，就要磨掉四成。到最高级的“大吟酿”，就磨掉一半，所以要卖出天价来。

这么一磨，什么米味都没了，日本人说会像红酒一样，喝出果子味来。真是，喝米酒就要有米味，果子味是洋人的东西，日本清酒的精神完全变了质。

还是怀念我从前喝的，像广岛做的“醉心”，的确能醉人心，非常美味。就算他们出的二级酒，也比“大吟酿”好喝得多。别小看二级酒，日本的酒税是根据级数抽的，很有自信心的酒藏，就算做了特级，也自己申报给政府说是二级，把酒钱降低，让酒徒们喝得高兴。

让人看得眼花缭乱的牌子，哪一个最好呢？日本没有法国的Latour或Romanee Conti[52]等贵酒，只有靠“大吟酿”来卖钱，而且一般的“大吟酿”，并不好喝。

问日本清酒专家，也得不出一个答案。像担担面一样，各家有各家做法，清酒也是。哪种酒最好，全凭口味。自己家乡酿的，喝惯了，就说最好，我们喝来，不过如此。

略为公正的评法，是米的质量愈高，酿的酒愈佳。产米著名的是新潟县，他们的酒当然不错。新潟简称为“越”，有“越之寒梅”“越乃光”等酒，都喝得过；另有“八海山”和“三千樱”，亦佳。

但是新潟酿的酒，味淡，不如邻县山形的那么醇厚和味重。我对山形县情有独钟，曾多次介绍并带团游玩。当今那部《入殓师》大卖，电影的取景地就是山形县，那里观光客更多了。

去了山形县，别忘记喝他们的“十四代”。问其他人最好的清酒，总没有一个明确的答案。以我知道的日本清酒二三事，我认为“十四代”是最好的。

在一般的山形县餐厅也买不到，它被誉为“幻之酒”，难觅。只有在高级食府，日本人叫作“料亭”，从前有艺伎招呼客人的地方才能找到。或者出名的面店（日本人到面店主要是喝酒，志不在面），像山形的观光胜地庄内米仓中的面店亦有得出售，但要买到一整瓶也不易，只有一杯杯的，三分之一水杯的分量，叫为“一下”。“一下”就要卖到二千至三千日元，港币约两百元了。

听说比“十四代”更好的，叫“出羽樱”，更是难得，要我下次去山形，再比较一下。我认为最好的，都是比较出来的结果，好喝到哪里去，不易以文字形容。

清酒多数以瓷瓶装之，日本人称之为“德利”。叫时侍者也许会问：一合，二合？一合有一百八十毫升，是一瓶酒的四分之一，四合一共七百二十毫升，故日本的瓶装酒比一般洋酒的七百五十毫升少了一点。现在的“德利”并不美，古董的漂亮至极，黑泽明的电影就有详尽的历史考证。他拍的武侠片雅俗共赏，能细嚼之，趣味无穷。

另外，清酒分甘口和辛口，前者较甜，后者涩。日本人有句老话，说时机不好，像当今的金融海啸时，要喝甘口酒；当年经济起飞，大家都喝辛口。

和清酒相反的，叫“浊酒”。两者的味道是一样的，只是浊酒在过滤时多少留下些渣滓，色就浑了。

清酒的酒精含量，最多是十八度，但并非有十八个巴仙的酒精，而是两度为一个巴仙，有九巴仙酒精，已易醉人。

至于清酒烫热了，更容易醉人，这是胡说八道。喝多了就醉，喝少了不醉，道理就是那么简单。

原则上是冬天烫热，日本人叫为“atsukan”[53]；夏日喝冻的，称为“reishu”[54]或“hiyazake”[55]。最好的清酒，应该在室温中喝。“Nurukan”是温温的酒，不烫也不冷的酒。请记得这个“nurukan”，很管用，向侍者那么一叫，连寿司师傅也甘拜下风，知道你是懂得喝日本清酒之人，对你肃然起敬了。

关于日本茶的二三事

初尝日本茶，发现有点腥味，不觉得太好喝。在日本一住下来，便是八年，对日本茶有了点认识，现在与各位分享。

日本茶分成：一、抹茶；二、煎茶；三、番茶；四、玉露。

在日本，茶树经多年改良，苦涩味减少。采下之后即刻用蒸气杀菌消毒，不经揉捻，直接放进焙炉烘干，然后放进冷库，提高葡萄糖成分。

提出之后切割成小块，放入石磨碾成茶粉，便是抹茶了。当然，根据幼细度、香气和颜色，分成不同等级及价钱。

我们一直以为抹茶是日本独有的。其实日本的茶道，完全是抄足唐朝陆羽的《茶经》，一成不变。各位有空到西安的法门寺一走，便可以看到种种出土的抹茶道具，和日本当今用的一模一样，所以如果我们说学习日本茶道，会被人笑话的。

抹茶的喝法（以一人计）是取一茶匙，或准确一点——用两克的茶粉，再用二盎司（相当于六十毫升）的水，在八十摄氏度的热度之下冲泡十五秒，便可以喝了。

如果依足茶道，便是取了茶粉，放入碗中，加热水，用茶筅（像刷子的竹器）花十五秒时间打匀。仔细一点，茶粉要用茶漉（是种茶筛）来隔掉结成一团的茶粉粒子。

但是一般家庭喝抹茶，取一茶匙入杯，冲不太烫的滚水，便可以喝了。寿司店给你喝的，也是用这种做法做的。

煎茶是日本茶中最普通的，准备一个人到三个人喝的，用十克茶叶，放进茶壶，冲二百一十毫升（约七盎司）的八十摄氏度的水，浸个六十秒就行。

煎茶的制法是采取茶叶后，经熏蒸，然后将茶叶揉捻，再烘焙而成。煎茶外观翡翠青绿，口感甘甜，略有涩味，是最受欢迎的日本茶。煎茶对茶叶的要求不高，制作方法也简单。

番茶是一个广义的称呼，包括烘煎茶、玄米茶和若柳。

烘煎茶是制茶技术之一种，目的是去掉茶叶中的水分，提高香味和保存效果。烘煎茶颜色褐色，用的是茶叶；若用茶茎，则称之为“焙煎茶”。

焙煎茶随意轻松，不分季节。日常饮用时，冲泡之前放进微

波炉中一“叮”，更突出茶味。也可以用来玩：在一个香熏器具中放了焙煎茶，下面点蜡烛，便有阵阵香味，很自然，比精油自然得多。

正式的泡法是用两茶匙茶叶，二百四十毫升（约八盎司）的水，在一百摄氏度下冲泡三十秒钟，即成。

玄米茶则是日本独有的，绿茶中混合了烘焙过的糙米，冲泡后有绿茶香气，也有米香。像中国人喝花茶一样，不爱喝的，不当茶。

最后要说的是玉露了。我初到京都，就去了“一保堂”。

在这家一七一七年创业的老茶铺中，我们可以喝到一杯完美的玉露茶。什么叫“玉露”？是在采收前一个月搭棚覆盖、避免阳光直射的茶，只采新叶，干燥及揉捻后制成的。冲泡玉露是用低温水，正式是六十摄氏度，有些甚至低到四十摄氏度。

第一回在“一保堂”本店喝，座上有个铁瓶，滚了水，用竹勺取出。怎么样才知道已降温至四十摄氏度呢？先把滚水冲进第一个杯，再转第二个杯，最后转第三个杯，便可以装入放了十克茶叶的茶壶中。第一泡等九十秒就可以喝；第二泡不必等，换了三次杯后直接冲入茶壶，即喝。最重要的是，玉露非常干净，又无农药，第一泡不需倒掉。

第一口玉露喝进嘴中，即刻感觉到，这哪像茶，简直是汤嘛！玉露一点也不涩，有海苔的香气，金色碧绿，含有大量的茶酚，异常美味。从此便上了玉露的瘾。

玉露是当今卖得最贵的日本茶。“一保堂”出品的以精美的茶罐装着，外面那张包装纸，是用宋体木板印刷出来的，是陆羽的《茶经》，美到可以裱起来挂于墙上。

当今我在家里，除了日常喝浓如墨汁的熟普之外，就是喝玉露了。

玉露有个特点，不只不用高温泡之，还可以用冷泡呢。通常我是抓了三小撮的玉露，放进茶盅，再以 Evian[56] 矿泉水冷泡，等个两三分钟，便可以倒出来喝了，效果比低温更佳。我当今都是用冷泡的，君若一试，便知其美味。

关于日本茶，有很多人的观念还是错误的。

购入日本茶叶之后，最好是在开封后三个星期之内喝完。超过了，味道就逊色；再放久，简直不能入口。若不能于三周内喝完，要放冰箱。

至于日本茶道，那是一种修身养性的事，我们这些都市大忙人，偶尔看人家表演一下就可以——唐朝之后，中国人虽然发明了茶道，也不肯为之了。

一保堂

京都中京区寺町通二条上ル常盘木町五十二番地 +81-75-211-3431

深夜食堂

日本的漫画《深夜食堂》大受欢迎，不但书本畅销，改编成的电视剧也一集集地拍下去，电影版也很成功，卷起了一阵热潮。

“介绍一家和深夜食堂一样的东京小馆子给我吧。”朋友常问我。

真的不知道怎么推荐。首先，这一类的食肆只做常客，陌生人走了进去，店主多数不理不睬。别误会，他们不是没有礼貌，而是不知如何应对。去那里的客人多数有什么吃什么，不太有要求;向着一个不熟悉的客人，老板不懂得招呼，也就没有表情了。

而且，最重要的还是沟通问题。如果客人不会讲日语，不懂外语的店主会觉得很尴尬，也很自卑，这是一般日本人的心理。

怎么连几句英文都不会说？当然不会了。你看这故事的主人公，脸上有一道很深的疤痕，这都象征他是“黑社会”出身的。此等人想改邪归正，又没什么求生本领，就开间小馆维持生计。

剧本中有很多小故事，但都没谈到店主本人的出身。这些店主都是静默的，不想透露以往的旧事，也不想别人追问，所以故事情节里从来没讲到店主的背景，这是对人物的尊重。如果有的话，也一定是一段动人的故事，留待作者在完结篇时叙述吧。

有了“黑社会”背景，这些人在新宿、涩谷等较为复杂的地区内开店，也没有人敢来打扰。虽说日本“黑社会”已转做正行，但仍有变相的敲诈。像如果你卖的是拉面，那么他们会推销以低价买入、高价卖出的面条或其他食材等等。当个小贩，日子也不容易过的。

“那当地人又怎么去找这些深夜食堂呢？”友人又问，“你在日本住过一段时期，一定知道答案。”

靠的都是口碑，一个介绍一个。日本人喜欢向人介绍小店，为了炫耀自己也知道这么一家旁人不会去的。

我在日本生活时当然也经常光顾。那时候年轻，不怕晚，不想回家，精力充沛。日本人的饮食习惯是喝酒的时候喝酒，吃饭的时候吃饭，通常收工后就会约一班同事，找个便宜的餐馆喝个痛快，不然就是应酬了。

当年正是经济起飞的年代，公司有应酬费，可以抵税。所有职员，尤其是做生意的，一定要应酬。每一个月，把一堆收据呈上去，上司才知道你勤力；一张收据也没有，那会被炒鱿鱼。

有了这个抵税的制度后，晚市兴旺，夜夜笙歌。我当然被很多公司的人请客，大吃大喝。吃饭时不吃饱，喝完酒便觉肚子饿。报不了税的就到街边去吃一碗便宜的拉面；可以报税的，又去这些小馆流连。日本人叫这一行为“水商费”，水是生意的意思。

在餐厅、小馆、酒吧和高级的艺伎屋的消费，都可以抵税，等于是政府请客，维持了一大班人的生计。当今经济萧条，应酬费已不能抵税了。

话说回深夜食堂，吃的是些什么？就算好吃，日本人也称其为“B 级 gurume[57]”，次等美食的意思。所以绝对没有什么豪华的食材，小店老板见有什么最便宜的就用什么，多数是可以冷藏的、不会隔天就变得不新鲜的东西。

在深夜食堂中出现的都是一般的家常菜式。客人多数没有妈妈煮饭，能尝到家常菜，也十分感动。举个例子，节目中一定会做的是 omuraisu，那就是蛋包饭了。做法是分两个锅，一个打蛋浆上去，转了又转，烧成一层蛋皮，另一个锅把冷饭放进去，下一些青豆之类的蔬菜，或一些香肠之类的肉类，加大量的番茄酱，炒得通红，放进蛋皮一包，就是蛋包饭了。

好吃吗？初次尝试，觉得甜得要命，蔬菜少，肉也少，用的米当然也不是什么新潟的“越光”。我那年代，米是进口缅甸的，称为“外米”，用火来炊饭，当然没那么好吃。

吃惯了就喜欢。当年我最讨厌的是什么荞麦面、天津井、炸虾或猪肝炒韭菜等，现在竟变成了米其林三星厨师出品。人，真是贱呀。

《深夜食堂》讲的是人情，至于食物，这剧集很巧妙地把出现的人物想吃的东西，仔细地把做法重现了一次。如果想看有什么小吃，那么去看《孤独的美食家》好了。

凡是成功的饮食电影或电视剧，还是要靠人情味，而把它凑合得好的，只有《饮食男女》和《巴贝特之宴》。中国香港版的《深夜食堂》是一部低成本的电视剧，和《权力的游戏》没得比，但它已经尽力去拍了，也应该对它宽容一点吧。

神　田

多年前，我的办公室设于尖东的大厦里面时，我结识了一位长辈，他精通日语，我们成为忘年之交。他开了一家叫“银座”的日本料理店，拜托我帮忙设计餐饮，我也乐意奉命。一天，他说：“替我找个日本师傅来客串半年吧。”

那时我和日本名厨小山裕之相当稔熟，就打个电话去。小山拍胸口说：“交给我办。”

派来的年轻人叫神田裕行，在小山旗下餐厅学习甚久，二十二岁时已任厨师长，对海外生活和与外国人的沟通更是拿手。我们就开始合作了。

和神田一齐去九龙城街市购买食材，他说能在当地找到最新鲜的代替从日本运来的，一点问题也没有。当然主要的食材还是要从北海道、九州岛和东京进货。

我们安排好一切，神田就在餐厅中开始表演他的手艺。我一向认为要做一件事就要尽力，于是连招呼客人的工作也要负责，白天上班，晚上当起餐厅经理来。这也过足我的瘾。我从小就想当一次跑堂，也想做小贩，这在书展中卖“暴暴茶”也做到了，一杯卖两块钱，收钱收得不亦乐乎。有了神田，“银座”日本料理生意滔滔。

最后神田功成身退，返回东京，也很久未曾联络，不知其去向。直至《米其林指南》在二〇〇七年于日本登陆，而第一间得到“三星”的日本料理店，竟然是神田裕行的。

当然替这个小朋友高兴，一直想到他店里去吃一顿。但每次到东京都是因为带旅行团，而早年我办的团参加人数至少有四十人，神田的小餐厅是容纳不下的。

我的人生有许多阶段，最近是在网上销售自己的产品。愈做愈忙，旅行团的次数已逐渐减少，但每逢农历新年，一班不想在自己地方过年的老团友一定要我办，否则不知去哪里才好。所以勉为其难，我每年只办一两团，而且美团人数已减到二十人左右。

这个农历年，订好九州岛最好的日本旅馆——由布市的“龟之井别庄”，第一团有房间，第二团便订不到了。我把第二团改去东京附近的温泉，又在“脸书”上联络到神田。他也特别安排了一晚：在六点钟坐吧台，八个人吃；另外在八点钟开放他的小房间，给其他人。

一齐吃不就行了吗？到了后才知道神田“别有用心”。他的餐厅吧台只可以坐八人，包厢另坐八人，那小房间是可以让小孩子坐的。他的吧台，一向不招呼儿童，而我们这一团有大有小。

去了元麻布的小巷，我们找到那家餐厅，是在地下室。走下楼梯，走廊尽头挂着块小招牌，是用神田父亲以前开的海鲜料理店用的砧板做的，没有汉字，用日文写着店名。

老友重逢，也不必学外国人拥抱了，默默地坐在吧台前，等着他把东西弄给我吃。

我们的团友之中有几位是不吃牛肉的，神田以为我们全部不吃，当晚的菜，就全部不用牛肉做，而用日本最名贵的食材：河豚。

他不知道我之前已去了大分县，而大分县的臼杵，是吃河豚最有名的地方，连河豚肝也够胆拿出来。传说中，臼杵的水是能解河豚的毒的。

既来之则安之，先吃河豚刺身，再来吃河豚白子：用火枪把表皮略烤。若没有吃过大分县的河豚大餐，这些前菜，属最高级。

和一般蘸河豚用酸酱不同，神田供应的是海盐和干紫菜，另加一点点山葵。河豚刺身蘸这些，又吃出不同的滋味。

再下来的鮟鱇之肝，是用木鱼[58]丝熬成的汁煮出来的，别有一番风味，完全符合日本料理不抢风头、不特别突出、清淡中见功力的传统。

接着是汤。吧台后的墙上的空格中均摆满各种名贵的碗碟。这道用虾做成丸子、加萝卜煮的清汤盛在黑色漆碗中，碗盖上画着梅花，视觉上是一种享受。

跟着的是一个大陶盘，烧上了原始又朴素的花卉图案，盘上只放一小块最高级的本鮪[59]。那是日本海中捕捉的金枪鱼，一吃就知味道与印度洋或大西洋中的不同。刺身是仔细地割上花纹，用小扫涂上酱油的。

咦，为什么有牛肉？一吃，才知是水鸭。肉柔软甜美，那是雁子肉，烤得外层略焦，肉还是粉红的。“你们不吃牛，模仿一块给你们吃。”神田说。

再来一碗汤，这是用蛤肉切片，在高汤中轻轻涮出来的。

最后，神田捧出一个大砂锅，锅中炊着特选的新米，一粒粒站立着，层次分明，一阵阵米香扑鼻。

没有花巧，我吃完拍拍胸口，庆幸神田不因为得到什么“星”而讨好客人，用一些莫名其妙所谓高级的鱼子酱、鹅肝之类来装饰。这些，三流厨子才会用。神田只选取当天最新鲜、最当造的传统食材，之前他学到的种种奇形怪状、标新立异的功夫，也一概摒除。这才是大师！

不开分店，是他的坚持。他说开了，自己不在，是不负责任的。如果当天吃得好，不是分店师傅的功劳；吃得差，又怪师傅不到家。这怎么可以？对消费者也不公平。但这不阻碍他到海外献艺，他一出外就把店关掉，带所有员工乘机去旅行。

神田的店从二〇〇八到二〇一七年连续得“米其林三星”。

神田

东京港区元麻布 3-6-34　　+813-5786-0150

黑泽铁板烧

回程经东京，又到“黑泽”去吃铁板烧。这家店我从前提过，这次印象特别深，重新详细介绍。

“黑泽”就在银座附近，躲在鱼市场筑地的一条小巷里面，由一间有八九十年历史的木屋改建而成。从前是艺伎头子的住家，女艺人都住在里面，由此被差遣到周围的高级餐厅“料亭”去娱客。

门口有木头的牌子，写着“黑泽”二字。是的，就是从黑泽明导演的老家搬来的。此店由他妹妹经营，另外在永田町、六本木和西麻布有分店，卖的是ShabuShabu[60]。

一进门就可以看到《乱》的海报，另有多幅黑泽明亲自画的人物原画。旧照片也多，其中之一是科波拉和卡尔来现场朝圣，与黑泽明的合影。

我们光顾多次，已知吃什么。若初次来到，侍者会献上餐单，参照电影剧本设计，让客人选择鱼、肉或其他食物。佳酿不少，黑泽明爱喝的威士忌种类众多。到了最后，所有好酒之徒，都会喝单麦威士忌。

先上一前菜，鳗鱼、牛肉刺身等。接着便是当造的海鲜。今天准备了瑞士小龙虾，与一般所谓的 scampi[61] 不同，其肉多，头上的膏也饱满。淋上豆豉做的酱汁，和生蔬菜一起让我们品尝，味道实在香甜；烧得刚刚好，由生的变为略熟而已。

鲍鱼是选最大只的，有些团友吃完要了壳拿回来当纪念，这是第二道菜。

压轴的是主角松阪牛肉，千万别叫什么薄烧。一片片薄得透明的牛肉包着蔬菜，一点滋味也吃不出。铁板烧绝对要吃厚厚的大块牛肉，烧后外层略焦、里面还是鲜红的最佳。

师傅没有玩刀弄舞，平平实实地切肉。最后的饭，炒完放进碗里，还要将其他压成一片片的饭烧成饭焦，铺在碗里的饭上。这种做法，与别处不同。

黑泽铁板烧

东京中央区筑地 2-9-8　813-3544-9638

* 须预约。

完璧之“麤皮”

首先，什么叫“麤皮”？查出处，有“桴谓木之麤皮也”，麤，简体字作“粗”。这里要讲的“麤皮”，是东京的一家牛排店。

为什么取这个名字,“麤皮”的官方网站中解释: 取自法国文豪，又是美食家的巴尔扎克的小说。

“麤皮”开设于一九六七年，最初在东京新桥三丁目田村町，后来搬去同区的御成门小田急大厦。早年，我跟着邵逸夫先生前往，后来又被邹文怀先生请客，多次前往。

新店开张至今也有四年了，地方较旧铺易找，开在横街中的地铺。进门即看到一切的装修没有改变，就那么五六张桌子，一个开放式的厨房，墙壁包着京都西阵的丝绸，桌椅采用樱木制造，吊灯来自瑞典。

食物没有选择，全是三田牛，分极品和高级两类。前者肥得厉害，后者对我们来说是恰到好处，肉味很浓。谁说日本牛肉没有美国牛肉那么有香味？是门外汉之语。

只有牛肉，岂不单调？店里每星期烤一大尾北海道的野生三文鱼，脂肪丰富，卖完了就以又肥又厚的海鳗鱼代替。另有烤鲍鱼、鲜虾鸡尾、北海道毛蟹等季节性的前菜，沙拉则可加生海胆。其他一概不供应，也没有菜牌给你看。

我们今天一共六个人前往，叫了烧海鳗和蒸鲍鱼片下酒。看“麤皮”的酒单，名酒已没从前那么多，但还是比东京其他西餐厅的丰富。我们都知道原厂价，这里卖高了五六倍。没必要被斩，女士们又不多沾，我们只叫了一瓶一九九七年的 Pichon-Longueville Comtesse de Lalande[62]。

肉呢？几成熟？多少克？朋友的太太与我都喜欢吃生的。牛排的叫法，最生的不是 rare[63]，而是 blue[64]，法国人还有 very blue[65] 一词，但东方不流行，比 blue 更生的就是鞑靼牛排了。而 blue 限于叫 tenderloin[66] 这个部位，也只有在最可靠的店里才放心去吃。这一块，要了十四盎司的，差不多是四百克。

友人另叫了两块 sirloin[67]，一是 medium rare[68]，另外的是 medium rare rare[69]。西冷牛排应大块烤才够味，所以两块都叫了二十一盎司（约等于六百克）的，大家分来吃。

“麤皮”的牛肉是世上唯一肯仔细地分十级来烧的，计有：一、blue；二、rare；三、medium rare rare；四、medium rare；五、medium medium rare[70]；六、medium[71]；七、the one between medium and medium well done[72]；八、medium well done[73]；九、the one between medium well done and well done[74]；十、well done[75]。

前菜都十分美味，一下子吃完。接着上肉类，最先上的是那块blue，用不是很锋利的餐刀一切就开。西方人有句话形容肉的软熟，说是“像用把温暖的刀切入冷冻的牛油块那么容易”，一点也不夸张。

外层轻轻地烙了一下，里面的肉几乎全生，用手指一按，是室温的温度，达到blue的规格。大家分开来吃，说也奇怪，没有一点血水渗出，肉汁全包裹在略熟的外层，吃过才知奥妙。

接着上sirloin，它的外形和tenderloin最大的分别是在尖处有一块如乒乓球一样大的东西，里面有八成是脂肪，只有两成肉。一般人怕肥都把它切掉。友人与我爱吃它，一刀切开，果然肥瘦恰好，一点也不差。

肉味比菲力牛排浓厚许多，未吃入口香味已扑鼻，medium rare虽然比rare硬了一点，但也比其他肉柔软得多，也一下子吃光。再吃那块 medium rare，已觉乏味。剩下的三分之二准备打包回香港，翌日切片一煮，又变成天下最好吃的公仔面[76]。

六人之中，有位太太因信仰不吃牛，事前已问过店里，回答没有问题。找了一个青森产的鲜鲍，足足有两头鲍那么大，烤到恰好上桌。她一个人吃不完，我们分来欣赏，非常之软，知道是野生的，错不了。

水果有最甜的蜜瓜等。大家在吃水果时，我的目光转到后面桌上摆的 Romanee Conti 饭后酒。来一杯，每喝一口都有不同的香味，永远是物有所值的饮品。

麤皮

东京港区西新桥 3-23-11 御成门小田急大厦　813-3438-1867

东京的百年老店

当今香港老饕去东京吃东西，追寻的只是些“米其林星级餐厅”，而我却把百年老店一间间找出来。现在连“米其林”也懂得这一套，开始推荐些古老的味道了。

他们首先介绍的是一间叫“驹形土鳅”的，这家店我做留学生年代一直去光顾。它创业于一八〇一年，至今已两百多年，还是卖那一两样菜，还是那个味道，价钱随着日元贬值而提高，也不过是一百多元港币一锅。

驹形，是东京的一个老区。“驹形土鳅”附近还有一家卖马肉锅的，一样开了上百年。这家人专卖“土鳅”，也就是我们的泥鳅了。将泥鳅放在一个土锅中，加些蛋浆、葱丝和牛蒡煮起来，日本人就那么用来下酒。

好吃吗？他们说是没有骨头，但其实泥鳅细刺极多，要像猫一样的人才不会被捅穿喉咙。肉没有泥土味是真的，他们把活泥鳅用清酒来养过，异味去尽。

我们去这家老店是去怀古的。昔时文人墨客都来过，谷崎润一郎、池波正太郎、山口瞳等等。我们坐在木板凳上吃与几十年前一模一样的味道，你喜不喜欢是另一回事，但绝对是特别的。

日本人到荞麦面店，主要是喝酒，下点小菜。最后店家捧出一个竹篱圆碟，上面铺着烫得半生熟的面条，我们用筷子一夹，放入一个装着浆汁的小杯，就那么吸吸嘣嘣地把面条吸入口中。最后，店里拿出个四方形的漆器汤壶，将里面装着的烫过面的汤水，加入浆汁之中，就那么当成汤收场。

要吃这种最古老的味道，可到“莲玉庵”去。它在一八五九年创业，介绍这家店的文字出现在森鸥外、坪内逍遥、樋口一叶等作家的书中。

卖的有五种面，另有五种小菜，就此而已。

我们经常说日本料理中境界最高的是天妇罗，它的好坏有天渊之别。好的可以炸完放在纸上，一滴油也不剩；坏的是一团浆和家庭中的炸鱼、炸虾一样厚。当然“三星”店不少，如果要吃最古老的，还是到“大黑家天麸罗”吧。它在一八八七年创业，至今还是天天客满。代表性的菜品是店里的“海老[77]天丼”，一个大碗中底部盛有白饭，上面铺有四尾大虾，淋了酱汁，就那么扒入嘴中吃，才卖一千九百五十日元，多年价格不变，味道也不变。

说到寿司，百年老店有好几家，新富町的“蛇之月鮨本店”、日本桥的“蛇之市本店”和浅草的“寿司清”，我们常去的是“Otsuna 寿司”[78]，没有汉字，开在六本木，也有一百四十年的历史了。

各种鱼生任点，货物也是从筑地新鲜运到的，老店不会欺客。说到好吃的，不是鱼，而是用腐皮包的饭团 inari zushi[79]，每个一百一十五日元，吃两个就饱。其他综合寿司从一千六到四千六百日元，刺身大杂烩便宜的是二千五百八十日元，贵的三千六百日元。

东京每一区都有一两家古老的鳗鱼饭店，各有特色。吃鳗鱼饭不能心急，要慢慢地等师傅把鳗鱼烤好，所以这种店一大团人光顾，一定应付不了。

老店有浅草的“Yakko”、雷门的“Unagi 色川”、日本桥的“高嶋家”、新桥的“鳗割烹大和田”、千代田的“Unagi 秋木”、上野的“鳗割烹伊豆荣”，[80]都是百年以上的。

野生的鳗鱼已经愈来愈少，东京的鳗鱼店只剩下“野田岩”有卖。它在一七〇〇年创业，德川家十一代将军德川家齐已去光顾。

当今的老板还是坚持着古老的味道，但他已走遍世界，在巴黎住过一阵子，专攻餐酒，所以店里的酒珍藏丰富。而你会发现，鳗鱼和红酒，是绝配。

其他料理的老店，有专吃“亲子丼”的人形町的“玉”，一七六〇年创立。

喜欢锄烧的话，有一八九五年创立的“今半本店”。

其实想去吃老店，酒店柜台都有指南，但老店多数是不能订座的。

日本人没什么大野心把店开成连锁，他们开店就把一块横条挂在门口，叫为“暖帘”。店里的东西，与其精益求精，不如味道一成不变，可以把“暖帘”一代传一代传下去，这已谢天谢地了，和我们的想法完全不一样的。

驹形土鳅

台东区驹形 1–7–12　+813–3842–4001

营业时间：12：00 到 21：00，年中无休。

莲玉庵

台东区上野 2–8–7　+813–3835–1594

营业时间：11：30 到 18：30。

大黑家天麸罗

台东区浅草 1–38–10　+813–3844–1111

营业时间：11：00 到 20：30，星期六开到 21：00。

Otsuna 寿司

港区六本木 7–14–16　+813–3401–9953

营业时间：11：00 到 20：30。

野田岩

港区东麻布 1–5–4　+813–3583–7852

寿司专家

有了“米其林”之后，东京出现了不少新寿司店，客人慕“星星”而来，生意滔滔。

好吃吗？我试过，平平无奇，惊讶的也只有价钱贵而已。但为什么能得到“星”呢？主要是这些新一代的师傅，都会说几句英文，能够把一些寿司的心得讲给食评者听，而这些普通的心得，已经让他们感动不已，拼命把“星”送了上去。

传统的老店，不管你“星”或不“星”，他们的出品不会有什么让人惊叹之处，保持着一代又一代传下来的水平，谦虚地、矜持地经营。那份历史的沉淀，那份优雅，也不是“米其林”食评家能够了解得到的。

其中一家叫“银座寿司幸”的，开业至今已有一百三十多年了。招牌上的那个大字，是插花界最著名的草月流创办人敕使河原苍风写的。外国人也许不知道此君是谁，但也应该听过草月流传人，

著名的电影导演敕使河原宏吧？另有数不清的皇亲国戚，都是“寿司幸”的常客。

当今的店主叫冈田茂，是第四代，除了做寿司，还在京都学习日本料理。他当年在京都请人做了一批杯盘，沿用至今。他所选的食材，像金枪鱼的toro，是腹部最下面那部分，又岂是“米其林”食评家欣赏得到的？

价钱呢？Omakase，一万五千日元。传统的老铺，有它的自傲，不会乱斩客人。

店不大，柜台能坐十一个人，有间小房，能坐八位。周一至周五只做夜市。星期六有中饭，由十二点开到一点半；晚上由五点半开到十点半，十点半以后不接客了。一定要订座。

食材方面，公认为最新鲜、选择最多的是北海道，但也因为食材丰富又好，北海道又被公认为是养不出好的寿司师傅来的。有鉴于此，“寿司善”训练出一批刀功最犀利的人来。在东京，也有“寿司善”的分店。

星期天休息，要订座。

海鲜再好，也要看季节。“米其林”食评家走进一家寿司店，指手画脚，师傅摇头。他们以为要什么没什么，这家店怎能给分？

他们不知道有春夏秋冬之分，愿上帝原谅他们。

春天得吃春子鲷[81]，是连皮吃的。细鱼也是这个时期最肥。鰊[82]、帆立貝[83]、墨烏賊[84]、牡丹海老[85]、甘海老[86]等，都是在春天吃。老店除了春天，其余季节不卖这些。

夏天有白海老[87]、车海老[88]、香螺、虾蛄、毛蟹、荣螺、白烏賊[89]、虾夷马粪海胆、缟鯵、穴子[90]、真蛸，夏天的海鲜比春天多。

秋天反而少了，最得时令的只有四种：三文鱼子、太刀魚[91]、喉黑[92]和枪乌贼最肥。

冬天最多，一共有二十种，如蛤、青柳[93]、北寄貝[94]、黑鲔等。

金枪鱼当今由世界各地运到日本，再从那里输出到其他国家，其中以美国、菲律宾、印度和西班牙最多。这些金枪鱼近肚腩的部分亦有粉红色的，但是味道和日本的金枪鱼不能相比。

日本金枪鱼有一种叫“黑鲔”的，另名为“本鲔”。

最优质的黑鲔是在青森县下北半岛的“大间”捕获的，那里离海港只有十五分钟路程，黑鲔即抓到即杀来吃，不经冷冻，再也没有比它更好的了。其中尤以“一本钓”最佳，因为不伤到鱼本身。

另外有三陆东冲地区，用“鲔延绳船”方法捕捉的 mebachi maguro[95]更为出色。渔夫会从一百条鱼中选出最肥的一条，命名为“三陆盐灶”。

“米其林”的寿司专家，大概不懂得分别吧？

银座寿司幸

东京中央区银座 7-7-14　813-3571-4558

寿司善

东京中央区银座 7-8-10　813-3569-0068

日本早餐

在日本住上四五天，回来时体重一定增加两三千克。无他，白米饭香，炊出饱满的米粒，晶莹剔透，每一颗都好像在向你说：“来吃我吧，来吃我吧。”

日本人早上就开始吃饭。酒店里多数有定食，侍应会问你：“御飯[96]？粥？”这是因为其他国家的人有些早餐喜欢吃粥，但日本人的话，生病才吃粥的，非来一碗大白饭不可。

相信日本人的习惯来自当时的农业社会，粥容易消化，一下子就饿，还是白饭填肚为佳。如果不在家吃，家庭主妇也会将饭捏成饭团，让家人带着在路上充饥。

我自己也不介意一早来碗饭，这是因为我奶妈也来自农家，常喂我吃饭，惯了很容易接受日本早餐那一碗饭。在乡郊旅行的话，温泉旅馆的早餐更是特色，一定要好好享受。

奉送早餐几乎是不成文的规定，白饭、味噌汤和泡菜是少不了的。从前盐腌的三文鱼最为普通便宜，早餐也必定配上一块烤的。这块三文鱼旁边有一撮萝卜蓉，懂得吃的人会倒一点酱油在上面。泡菜虽咸，也会蘸酱油吊吊味，也许是昔日贫穷，咸一点可以下更多的饭。

丰富起来，可不得了，算了一算，虽然只有一小口、一小口的，至少有三四十碟小菜。旅馆的特色，是就地取材：北海道当然是虾蟹，大阪附近牛肉居多，到了九州岛的汤布院，也拿出河豚等最高级的食材来当早餐。

重要的还是心思。东京的“安缦”，早餐装在两个精致的木盒之中，打开一看，是一块最肥美的三文鱼，连我这个不喜欢三文鱼的人也会吃它一吃。除了那十几二十种菜之外，还有一碗味噌汤，是用高级鱼的鱼头熬制的，或者是新鲜的大蛤，也许是细小的浅蜊，鲜得不得了。日本人还研究说浅蜊可以解酒呢。

在长野的“千寿庵”，更见细致之处。日本早餐一定有几片紫菜，通常是用透明胶纸包着，但也容易潮湿，一潮湿就不脆。这里的紫菜装进一个两层的盒中，下面有个铁制的兜，烧着一块小炭，来烘焙上层铁丝底纹的紫菜，吃时还是暖的，不得不佩服他们的用心。

自助早餐也不一定是平凡的，看住什么旅馆。北海道的“水之歌”，早餐虽是自助形式，但用料极为高级。当然有新鲜的三文鱼卵，还有不会太咸的大片明太子，山中野菜做的泡菜种类更多;最后那碗白饭是用又厚又重的法国名牌锅，一人一锅煲出来的，一看已知是美味非凡。

用什么锅来烧饭大有学问。典型的是用铜锅，上面有个像木屐一样的圆形木盖盖住，一炊一大锅，打开木盖已香气扑鼻。有的还不只白饭，中间加了鳗鱼、肉臊或各种野菜，就算简简单单地下些黑豆，也吸引人。

各种下饭的菜，我们最吃不惯的就是那一大颗红色的酸梅了。日本人相信这颗东西可以清肠胃，非要吃一颗来清清肚子不可；但我们始终觉得太酸。我最初接触到，是跟着家父到热海的旅馆小住，早餐也拿出酸梅来，爸爸教我这种酸梅可以一试。那一带产小颗的，沾上白糖吃，口感爽脆，又不太酸，吃呀吃，就吃出习惯来了。

虽然说粥是生病时吃的，但京都的旅馆，也都供应白粥。日本人的习惯是在粥上加一种黏黐黐的酱汁，不甜又不咸，我们还是很难接受的。

最近到东京，住的酒店多是“半岛”，他们的早餐不在餐厅，而是在大厅的咖啡室。看叫西式早餐的多是日本客，外地人则爱点日式早餐，也极丰富，什么都有，白饭和味噌汤是任添的。

但连住几天后就觉得腻，我步行到酒店后面的有乐町站，那里有一家“吉野家”，是我常光顾的。什么？跑去吃那种最大众化的铺子干什么？很多朋友批评。但是日本的“吉野家”和外地的不同，那里是用新潟的“越光”米的，早餐虽价廉，但很高级。先叫一客定食，有一小碟牛肉、一片明太子、一碟白菜泡菜、味噌汤和一碗白饭。当然不够，叫多一碟牛肉的大盛[97]，才吃得过瘾，再来一块烧三文鱼、一碟韩国泡菜。把牛肉的汁倒入白饭中，这一顿便宜的早餐，吃得非常满足。

旅馆早餐除了饭菜之外，也会奉送甜品和水果，最豪华的是北海道那几家高级的，夕张蜜瓜任吃。一般的夕张蜜瓜颜色是橙黄，和静冈的绿色蜜瓜不同，而且有股怪味，但上等的夕张蜜瓜不逊静冈产的。

怀念早年的帝国酒店的早餐，虽然也是自助餐形式的，但用的木瓜来自夏威夷，有一阵很清香的味道，和当今水果店卖的不同。这些年来木瓜都已经变了种，大量生产，吃不回从前的味道了。

通常的自助式早餐可以任吃，但不能打包。大阪的 Ritz-Carlton[98] 有一服务，如果没有时间慢慢品尝，他们可以把白饭加些三文鱼或酸梅捏成饭团让你带走，非常周到。

但说到最好吃的日本早餐，当然是你在女朋友家过夜，她一早起床替你煲的一碗白饭和一碗味噌汤，至于泡菜是不是从店里买的，已不在乎了。

龙寿司

吃雁肉的餐厅离新潟车站很近，我一直为了组团来用什么交通方式最好的问题，和观光局的玉木有纪子商量，最后还是决定先飞到东京，住一晚，再从东京乘两个多小时的“子弹火车”抵达新潟最妥。

早上出发，抵埗[99]后一定肚子饿，吃些什么？我们去鱼市场视察，发现一些鲜鱼档可以即点即做即吃。来个海鲜任吃的大餐，看到什么点什么，最过瘾了。至于是哪种鱼虾蟹，看季节而定。

晚上，在一家叫“龙言”的旅馆过夜。这间古色古香的酒店，以下围棋和下日本象棋见称，名人比赛都在这里进行。近来有一电视节目在这里拍日本象棋，更引起一番热潮。

我最感兴趣的反而是旅馆对面的那间酒吧，什么清酒都有，

RYU

正想即刻去试时，南鱼沼市观光局派来的平贺豪说有一寿司店，卖的是用香菇和茄子做的寿司，叫我一定要去试试。我对这一类新派寿司很反感，但为了给面子也去了，反正平贺豪说一餐只吃六贯。寿司饭团不叫“一个个”，叫“贯”。

到了一看，哎吔吔，门口那暖帘挂的“龙寿司”三字，用现代化的抽象汉字写着，心更凉了一半。走了进去，见板前长是一个四十至五十岁的人，他请我们坐在柜台前，以便沟通。吃冬菇寿司罢了，谈些什么？

柜台摆着两瓶酒，是“八海山”制造的，包装摩登，原来是新产品的烧酎。日本烧酎一般都是用麦或者番薯当原料，这个新烧酎则是用米酿出来的，而且浸在木桶内，做成像威士忌一样的效果。一瓶叫“万华”，另一瓶叫“宜有千万”，后者还可以订购，十年后才出货，送给友人或自己品尝都可以。

被问，要怎么喝？要了一个烧酎“high ball”。“High ball”是昔时喝威士忌的叫法，真实就是威士忌加苏打水。

喝了一口，威士忌味道被苏打水抢去，喝不出所以然，就叫“一杯净饮”。咦？这个新烧酎另有风味，与众不同，像威士忌又不是威士忌，味道好，喝得过。

但来这里不是喝酒的，是来试吃冬菇寿司的。第一贯叫“舍利·山葵”。舍利，是寿司用语，米饭的意思。此地叫“南鱼沼”，是新潟“越光”米的产地。我当然非先吃一下这贯寿司不可。米饭极香，黏度又够。店主佐藤说是用新米和旧米各一半炊出来，才有这种效果。至于山葵，是附近田里自己种的，水好，味道当然好。这一贯简简单单的“握”寿司，一吃令我另眼相看。

接下来是特别木箱海胆的军舰卷，海胆寿司用紫菜围着，作船形，故称“军舰”。特别木箱是方形的，一般海胆箱作长形，特别箱有两倍之多，选马粪海胆中的极品紫海胆做原料，就算在筑地，最多一天也只卖五箱左右。海胆又香又浓，是极品中的极品。可见店主佐藤用料的严谨。问他一箱多少钱，回答三万日元，由平川水产株式会社供应。

第三贯叫“天惠菇”。一点也不像一般的香菇，倒似其他国家的大型蘑菇。用一百摄氏度的色拉油过一过，接着涂上酱油，切成鲍鱼片状。此种菇也只产于南鱼沼，口感和香味皆佳。

第四贯是“太刀魚”，就是我们的带鱼了。先用橄榄油把皮煎至爽脆，再加上葱和醋，加了米饭捏了上桌。我一不小心把饭和鱼弄崩，佐藤即刻叫止，另握一贯给我，真是没有吃过更鲜的带鱼。

第五贯叫“kasugo”[100]，是鲷鱼的幼鱼，用糖、盐、醋和昆布四个阶段腌制。一般江户前寿司的技法只限于三阶段，佐藤加了糖这个阶段，味道更错综复杂。

第六贯为“鱼沼”，是山葵花加toro。这个季节的山葵花盛开，和金枪鱼腩特别配合，另撒上海盐来分散山葵辣味。吃了那么多年的toro，没试过这种吃法。

本来只有六贯的，我要求再来。佐藤特别捏了“穴子”给我，用了传统江户前的技法。原料来自淡路岛，是供应给皇室的品种，佐藤把这种海鳗鱼做得出神入化。

另外，还有很柔软的八爪鱼和用甜虾磨成泥再加蛋黄的下酒菜。此餐吃后，我大叫“朕满足矣”，跑上前和佐藤拥抱，说：“你不是大厨，你是艺术家。”

回到“龙言”，我们晚饭不在旅馆里吃，而去对面的“安稳亭”，用名贵鱼类，像黑喉等，做炉端烧，但已实在吃不下，只顾喝酒。这时“八海山”来了一位商品开发营业企划部的室长胜又沙智子，把公司全部酒拿来试饮。此姝能言善道，举止温柔体贴，白天上班，晚上当志愿义工来宣传新潟文化，有她在，酒喝得更多。

最特别的是气泡清酒。为了二〇二〇年东京奥运，“八海山”酿制了发泡酒来庆祝，口感和味道都是一流。下次和团友来到，就可以大喝特喝了，当今暂时不发售。

龙寿司

新潟县南鱼沼市大崎 1838-1　　+81-25-779-2169

http://www.ryu-zushi.com

* 需三天前预订。

安稳亭

新潟县南鱼沼市坂户 79　　+81-25-772-3470

http://www.ryugon.co.jp

重访北海道

约五十年前，我在东京当学生时，一到冬天，就往北海道跑，对这个大岛很熟悉。日本人去北海道是夏天，他们见惯雪，不稀奇，冬天是不去的。北海道冬天没什么人，旅馆很便宜，可以玩一个痛快。

返港后写了许多冰天雪地的回忆。“国泰”本来有直飞航班的，但因客量少而要停航，在最后一班，给了我很多商务位；又有许多读者看了我的文章，都想去看看，因此有了组织旅行团的念头。五天四夜，吃住最好的，团费只需一万港元一位，即刻爆满。

参加过的人都满意，要求一去再去。这时只好飞东京，再转机去札幌，舟车劳顿，也反应奇佳。刚好香港无线电视策划一个叫《蔡澜叹 101 世界》的节目，由“国泰旅游”赞助，我和李珊珊主持。第一站拍的就是北海道，而且带了李嘉欣，有在大雪里泡

露天温泉的环节，反应奇佳。

有生意做了，“国泰”也恢复了直飞札幌的航班，后来成为他们最赚钱的一条航线。这些事，当时的CEO陈南禄先生可以证明。

这么多年来我们去遍了北海道东西南北，阿寒湖、淀山溪、网走等等，都是最热门的行程。有一次和陶杰合作，叫“双龙出海”，一团有一百二十位团友参加。

日本人是后知后觉的，他们的“日航”和“全日空”都不设直飞，“国泰”赚个满钵。北海道人更不会做生意，好的温泉旅馆不多，后来才有“鹤雅”这个集团看准了市场，在各个点建了最好的旅馆。当中距离札幌的千岁机场最近的是“水之歌”，吃住一流，我们一去再去；但后来在日本各地找到更好的住宿，好像已经把北海道忘记了。

我的结拜兄弟李桑在马来西亚有间叫“苹果旅游”的旅行社，已经做到一年有数十班包机从吉隆坡去北海道，邀我带一个高级的团。我也就欣然答应，再走一趟。

当今冬日的札幌，充满海外客人。那里一年有几百万的游客，到处可以听到讲普通话的人，全市商店也聘请了会讲普通话的雇员，中国人自由行也一点问题都没有。

我们在札幌最喜欢去的是一家叫“川甚”的料亭，早年是招待达官贵人的艺伎屋。当今芳华已逝的老板娘还是风韵犹存，和我们的客人又唱歌又跳舞。食物也好吃得不得了，尤其是最后那道日本粽子，百吃不厌。

“你去的地方都很贵，有没有便宜的可以介绍？”这是许多认识的人问我的。

有，有。这回时间多了，到各处去搜寻。札幌市内有一家叫“角屋”的鳗鱼店，非常大众化。从前鳗鱼饭这种日本独有的料理很少人欣赏，但一吃上瘾，在其他国家又不开这种专门店，所以很多人到日本一定去找来吃。下回去札幌，不妨光顾。

中央区南四条南五丁目 Tokyu Inn[102] 的地下层，全层有许多又便宜又好吃的店。“Cairn[103] 别馆”的铁板烧很不错，老板最会招呼外国客人。Cairn 这个词爬山的人才知道是什么：在经过的雪地上用一块块的石头堆积成小丘当记号，就叫 Cairn。其他还有“江户八”，卖牛肉火锅；天妇罗有新宿 Tsunahachi[104] 的分店，很吃得过。更有烧鸡的专门店“车屋”，另外要吃寿司的、芝士火锅的，都可以在同一层找到。

当然，去了北海道一定要吃海鲜，在“中央市场”的“北之美食家”最大众化了。吃一条香港最贵的鱼——喜知次，也只是在香港的三分之一价钱。喜知次烧来吃最佳，但是懂得吃的人还是会点用酱油煮出来的。冬天喜知次全身是油，不可错过。另外有只生长在北海道的一种很特别的鱼，叫“八角”，介绍给团友，都赞不绝口。更值得吃的是牡丹虾，比甜虾大几倍，啖啖是肉，鲜甜得不得了。响螺在潮州吃很贵，北海道的便宜得令人发笑，但个头没有潮州的那么大，来个刺身，另有一番风味。

但要吃最高级的寿司，还是得去价钱贵的店。“寿司善”本店是我最爱去的，必须订座。鉴于有很多外国客人订了位又不去，令他们损失不少，店里当今有另一套制度应对，那就是客人要先付一万日元保证金，不到了就没收。看来他们是吃尽苦头。

其他有“忘梅亭”的海鲜大餐，有刺身火锅等等。你可以说留了肚子，去机场吃北海道著名的拉面，但一到机场内的拉面街，才知道大排长龙。

大排长龙的还有入闸的海关，一条蛇饼[105]，圈完又圈，游客实在太多。那条“龙”一排至少四十分钟，一不小心就赶不上飞机。北海道人还是不知道怎么应付，从数十年前到现在，死性不改，是札幌机场的一大缺点，小心，小心。

一定得提早到机场。一到，才发现札幌机场有全日本最大的商店街，什么 Hello Kitty、哆啦 A 梦的专门店里商品应有尽有。这一来，又要赶不上登机了。

第二章

智行者的邂逅

仙 寿 庵

和群马县结缘，要归功于当地观光局的高干田谷昌也。

此君四十几岁，五官端正，表情永远是那么羞涩，但做起事来不休不眠。他亲自驾车载我和助手荻野美智子探遍群马的温泉乡，从被誉为最好的草津温泉到深山中的四万温泉，最后还一路送我们到成田机场，一句怨言也没有。

我们已前后去过群马两次，看过至少三四十间旅馆，除了一家叫“旅龙”的古色古香、很有特色之外，没有一间满意的。

“去‘谷川旅馆’吧，这家大文豪太宰治住过，在那里写了《维荣的妻子》一书。”最后，田谷似乎束手无策，知道我也卖文，唯有用日本作家来引诱我。

“是写了《创生记》，不是《维荣的妻子》。”我说，“当年太宰治患了肺结核，到过群马县的温泉疗养。”

“谷川旅馆”在深山之中，是家百年牌子，还保持得非常干净，环境幽美得很，吃住也都不错。但就少了那么一点点，少什么我自己也说不出来，十分可惜。

老板大野看了我的眼神，会意道：“这样吧，你去我儿子开的那家，就在附近，包你有意外的惊喜。”

什么没看过？“意外的惊喜”这句话说起来容易，要给我这种感觉究竟不易。问他：“有多少间房？”

“十八。”他回答。

十八间最多只能住三十六个人，我们的旅行团通常四十位，少几个也无所谓。再问：“多少个池子？”

“一个。”对方回答。好的温泉旅馆多数有两三个温泉池可以选择，但去了再说吧。

弯弯曲曲的山路，越走越幽静，忽然前面开朗起来，一块平地遥望着山顶积雪的谷川岳。那里有一座精美的旅馆，门口挂着“仙寿庵”那块招牌。

日本人的大堂叫“玄关”。这里一个玄关又有一个玄关，走了进去发现装潢基本是传统的日式，虽带有西方抽象建筑的特点，但很调和，并无一般新派酒店那么硬邦邦的感觉。一条长廊用巨大的玻璃包着，尽量利用日光，亦能在冬天保暖。

经过的大浴室，一点也不大，中型罢了，不过很舒适，同样尽量利用阳光。进入房间，看到那私人温泉，只比公众的小一点，后来才知不用去浸公众的。

“几间房设有这种私家池子？”问笑盈盈的侍女。

“每间都有。”她回答。

通常拥有私家池子的，都是煮水，假温泉居多，这里的呢？侍女说：“地下有大量泉水，每一间都是温泉。”

放下行李，侍女出去后我仔细看房间的一点一滴。柜中放了两套浴衣，一套传统的，一套像工作服。有外衣和裤子，看质地和手工，知道不是大量生产的，是用手缝的。

枕头有多种选择，棉被亦是。窗口呈圆月形，框住雪山当画。另一间房为茶室，角落有铁瓶可煮水，壁上摆满名人做的瓷碗，客人可用来享受日本茶道。

偏厅有两张沙发，扶手上放着柔软的被单，觉得有点冷时可以拿来遮盖膝头。旁边的柜台上有一个望远镜，可以用它细看雪山。

摆着的杂志中，有很多篇介绍这家旅馆的资料。桌上有一套玻璃茶具供客饮用红茶，一边的柜上有热水壶，设有另一套日本茶具。

房内有漂亮的小灯笼，令晚上全室关灯时有一点光线。旁边是一个加湿器，以防太过干燥。另有一个小碟，早上起身，可插上旅馆供应的一炷香。

房内的每一个柜子和抽屉都摆着一些小东西，如信纸、针线、保险箱之类，不像其他旅馆，一打开来里面空溜溜。连半夜起身，肚子想有点温暖的食物也可以，除了饭团之外，柜上还有一个电炉和一个蒸笼，可以把消夜弄熟了再吃。当然也设有朱古力、糖果和饼干之类的西洋小吃。

最厉害的是私人浴室了，一共有两个。冬天怕冷可在室内的大桧木木桶中浸温泉，不然就走出露天去泡另一个温泉。咦，一看那池子，怎么没流水处？日本温泉池一定要让水溢出，才不会积污。仔细一看，原来排水槽暗藏在池边，让涌下的泉水泻出。

晚餐食物应有尽有，多得吃不完是理所当然，但重要的是做得精致，引诱你一道一道吃下去。食材是山中的溪鱼和野菜，另有从市场进货的海鲜和肉类。早饭同样丰富。饭后到广大的花园散步，欣赏桃花，负氧离子高得令人不能置信，打坐最佳。长居此地能多活几年，故名“仙寿”。

店主姓久保，跟母亲姓，爸爸是入赘的吧？久保年纪轻轻，三十多岁。问他为什么开这么一间旅馆，他回答道：“和上一辈的不同，才有意思。既然家里有钱，要做，就做一间最好的。最好的和最便宜的，都有固定的客人，不必担心投资赚不回钱来。”

房租当然昂贵，但入住日本最好的，已不会问价钱。我们的团友，临走时都带着笑容，向我说：“真是温泉旅馆中的一颗珠宝。”

从东京出发去那里，有两个走法：一、乘车慢慢走，中间停休息站，要三个半小时左右；二、乘新干线，一个半小时抵达“上毛高原”站，再坐三十分钟汽车抵达。

仙寿庵

群马县利根郡水上町谷川 614　　0278-20-4141

http://www.senjyuan,jp

鹤 雅

大家来北海道，多数只知札幌和周围的登别、洞爷湖等等，很少去远方东北地区的阿寒湖，以为交通十分不便。

我们这次是在大阪转日本国内航班飞到钏路，再乘四十分钟的车，抵达湖畔的“鹤雅”旅馆的。

房间都很宽大舒服，不习惯榻榻米的话，有洋式房间可选择。但来到日本，睡什么普通床呢？

露天温泉有两处，地下的庭园浴场由岩石组成，像和大自然的阿寒湖连在一起。旁边有间茶屋，可叫清酒在池中一面浸一面畅饮。现在是秋天了，今年特别热，因而还是一片碧绿，不见红叶。欣赏阿寒湖，在冬天才感到“寒”味。头上飘雪，看半个结冰的湖，最有味道。

屋顶上另有一个露天浴场，看日出固好，但是半夜躺在池中数星星，又是另一番滋味。两个澡堂子都很巨大，里面有桑拿和

喷汽池等设施，又有不同温度的泉等等。最过瘾的还是由屋顶降下的水柱，直冲脑袋。一早起来糊里糊涂，不知写些什么，给水柱冲击，即刻清醒，但照样挤不出一个字来。

一般人批评北海道的旅馆，说“设备一流，饮食三流”，这家“鹤雅”绝对不会留给你这种印象。住低价房，可吃丰富的自助餐；付多一点钱，师傅永田义幸会亲自为客人炮制“齿舞御膳”，十几道菜，样样精彩。螃蟹是北海道特产，师傅把一只蟹脚用细刀切成幼纹，像花开一样，给客人生吃。这种吃法到底不多，至少在香港罕见。

这家人还有一道马铃薯汤，冻饮，非常美味，是大师傅独创的所谓“自慢料理”。

餐桌藏了个炉，摆着蒸笼，里面有颗热腾腾的蟹肉烧卖。侍女跟着奉上抹茶糕点。吃过晚饭，还放下一个饭团给客人半夜肚饿时充饥，真是想得周到。

今年圣诞节将组团带大家来玩，包机直飞札幌，再乘车抵达，就不必受转机的苦了。

鹤雅

北海道阿寒郡阿寒町四丁目 6 番 10 号　　0154-67-4000

加 贺 屋

在大阪的北面,有个叫“能登半岛”的地方,里面的和仓温泉“加贺屋”，被日本人选为十大旅馆之首，一连十年。

一走进大堂就觉富丽堂皇，每间房间都是大套房，望海。

男人浴室称为“男雏之汤”，女人的相反地叫“女雏之汤”。通常这种大旅馆都有好几个大浴室,但是“加贺屋”的集中在一处,分三层楼，入浴者可以乘电梯到每层不同的浴场去浸，有点夸张。女人的只有一层，不过加了另一个大的，叫“花神之汤”。

大堂的走廊很宽,设计成古代街道,有食肆和商店。到了早上,摆着各种土产开起大排档来，叫为“朝市”。

吃晚餐的宴会厅有四十二个，最大那间有五百张榻榻米。

歌舞厅中有松竹歌舞团数十人表演。要高雅可欣赏日本能剧;要低俗可参加每晚举行的“祭”，是日本庙会的庆典。

无数的卡拉 OK，大大小小，有些给情侣合欢，只容两个人。酒吧像 UFO，各种洋酒齐全，不喝酒的可去欣赏茶道。

各人喜好不同，一般团友会喜欢，至少住上一次，是值得的。我独钟幽静的小旅馆，对这种大型的有点抗拒。

但是，一吃到大师傅做的晚餐，我也心服口服：圆石头烧红后，在上面煲海鲜；活鲍鱼放进一个小砂煲中，加日本清酒，慢慢蒸熟；等等。一人份多得三个人也吃不完。问题出在房租奇贵，我的助手徐燕华专门交涉此事，她一看到旅馆经理就嫌东嫌西，降对方气焰，开始杀价，又用“付现款，旅馆不必报税”来利诱，结果做成完美的交易。

加贺屋

📍石川县七屋市和仓温泉　📞0767-62-4111

百万石

找到了“加贺屋”之后，觉得还不满意。其虽被推举为全日本最佳酒店，究竟日本味道不足，只是豪华，非我心目中之首选。

继续努力，再走远一点，去了山代温泉的“百万石”。听名字起初以为又是一家富丽堂皇的旅馆，入住之后，才真正感受到为什么叫“顶级旅馆”，可以进入我自己的十大推荐之一。

三层高的大堂，浪费一切空间，才显得出气派。

真正的露天浴场，头上一点盖也没有，在庭园中浸温泉。水质为无硫黄的矿物泉，一面浸一面感到皮肤的润滑。另设的spa[106]，是西洋式的休闲浴池和按摩室。还有害羞的香港人喜爱的露天温泉游泳池——穿着游泳衣，也不会令人侧目。房内浴缸也宽大舒服，我没有看过另一间入浴设备那么齐全的旅馆。

山代这个地方靠海，水产丰富，旅馆供应的早晚二餐吃得饱得不能再动。如果客人在下午四时左右入住，或深夜再想吃消夜，它也有一个很大的饮食区“大观”，让你随时可以吃到你心中想吃的佳肴。“徽轸”是间法国餐厅，名牌红酒收藏得多，菜也正宗。吃炉端烧有“弁庆”，吃寿司有“鸢”，吃面有“花见茶屋”。

旅馆的宗旨是尽量满足所有客人的要求，睡不惯榻榻米的话，洋室当然设有。对行动不方便的客人，有把梯阶改为斜坡的房间，私人浴室到处有扶手，可见经营者心思之仔细。

在这家旅馆住上两三天的话，它有所谓的“小旅”——用车载客人到周围的名胜游玩。附近也有不少高尔夫球场可去，如果你喜欢这种运动。

经济泡沫未爆之前，这里天天客满，预约到明年。现在只要不遇到节日和周末，没有问题。

百万石

石川县加贺市山代温泉　0761-77-1111

夜行列车

金泽的“百万石”，被誉为日本全国旅馆之冠，连续十年。我们上次也带过团友前往，差不多每一团都参加过的苏先生，也说住了那么多日本旅馆，这家最好。

“百万石”分三等——上、中、下，最高级的别馆不让团体住。老板吉田先生是我的读者，他喜欢香港，来过不下数十次，每一回都拿着我那本日文餐厅介绍吃东西。他特别安排最高级的别馆给我们下榻。

可惜金泽交通不算方便，我们从大阪坐巴士前往，需四个小时。虽然中途停下来吃吃喝喝，把行程斩段，有些人还是觉得太远。

另一个办法是从东京去，住一晚，翌日到羽田机场乘日本国内航班到小松，就没那么辛苦。吉田先生来港，我设宴，他吃得高兴，说下次我们团体去，宁愿再打一个大折扣来抵销我们的日本国内飞机票钱，也想做我们的生意。

如果是少数人旅行，我想出一个更好的办法，那就是晚上从东京的车站出发，乘“北陆号”，第二天清晨六点半抵达，可以玩足一整天。

“北陆号”有私人卧室的车厢，干净又舒服。买一大堆自己喜欢吃的东西，加上一瓶上等红酒，慢慢叹，再小睡一会儿，好像一下子就抵达了。

夜行寝台列车的好处说不尽，它像“摇呀摇，摇到外婆桥”的小舟，让乘客似胎中婴儿，非常有安全感。望出窗外，一片漆黑，偶尔见到小镇路灯；一抬头，也许有明月和星星出现，寂寞得凄美，毕生难忘。

吉田先生又引诱我，说真正的艺伎少之又少，现有的多数是老太婆，价钱又贵。但金泽地区还有年轻女子肯学艺，看她们载歌载舞，比京都的花费便宜一半以上。我听了有点心动，决定下次自己去玩时，乘夜车前往。遇不到艺伎的话，鱼生和螃蟹以及露天温泉，亦足够矣。

八　景

十几年前，在京都做《料理的铁人》评判员时，接到一个女士的电话，说是节目制作人介绍的，邀请我去一个野外的露天温泉。

日本男女混浴的地方已经不多，这一听我兴趣来了。第二天她亲自驾车来酒店接我，一见，矮矮小小，长得漂亮，让人想起我们的演员朱茵，从此我就一直以“朱茵”来叫她，本名反而忘记了。

温泉地点在冈山，离大阪或京都要三个小时左右的车程。深山里，这个叫“汤原”的小镇，真有温泉乡的味道。小街两旁几乎都是旅馆，还有一家叫“油屋”的，动漫电影《千与千寻》就是以它为取景地的。经过小川流，就开朗了，山上有一家很别致的旅馆，名“八景”，而“朱茵”就是这里的女大将[107]。一般女大将都是聘请来的，“朱茵”却是名副其实的老板。

走过一条吊桥，川流旁边有三个水堀，另有一间更衣茅庐。

看见了两三对男女，赤裸裸地浸在水堀之中，一点也不介意路人的眼光。我看了即刻喜欢。

“八景”的标志是一个圆月和一只兔子。“朱茵”属兔，以这个主题设计了标志，“八景”的室内也布满了兔子的饰物。很舒适的大厅，摆着钢琴，每晚也请当地的一位女士在这里演奏。

从大堂的楼梯走下，有数幅漫画式的绘画，图中描绘着男女老幼一齐出浴的情景。摸一摸泉水，竟然又柔又滑，不禁“哇”的一声惊叹。

房间是榻榻米式的，宽敞得很，但没有私家浴场，这不要紧，可往外去浸。

东西好不好吃呢？一切都是山中的野菜、山猪等，加上活烤鲍鱼，吃得又饱又满足。最厉害的是大厨捧出一大锅汤，另有一个大木桶，汤煮的是最好的味噌，而木桶中放满了活生生的鲇鱼。用手抓了一尾，放近鼻子，竟然一点鱼腥味都没有，闻到的是一阵青瓜味。这种鱼只能活在最清澈干净的水中，一污染即死。

大厨叫正原圣也，他把一尾尾的活鱼放入味噌汤中煮。我问怎么知道熟了没有。他回答，看见鱼眼发白，就熟了。吃进口，那味道是我毕生吃过的之中最鲜甜的，怪不得正原圣也能以这一道那么简单的菜打胜了“铁人”。也因此，“朱茵”得到我的联络。

吃过饭，我穿着用“小千谷缩”料子做的浴衣，散步到对面的溪边，脱光了跳下水去浸。微风吹来，望着月亮，听着蝉鸣，正像是古代小说中描绘的情景。泉水旁边，竖立了一块木牌，写着这里的水质是日本关西露天温泉的“横纲”[108]。

从此我组织了旅行团，年复一年到访“八景”，参加过的朋友无一不赞好。

冈山又是盛产全日本最大、最甜美的水蜜桃之地。水蜜桃百食不厌，每年到了八月桃子最成熟的时期，我们就去。见到了“朱茵”，她的第一句话总是“okaerinasai”，欢迎你回家的意思。

有一回农历新年去，遍地白雪，又是不同情景。

长年下来，我们的旅行团要求愈来愈高，去的旅馆一间比一间更好，从没有浴室的，到每一间房都要有私人温泉浴场的。渐渐地，我们遗忘了“八景”。

今年又重游故地，都是应团友的要求。

“没有私人温泉也不要紧？”我问。

大家都点头。

我打电话给“朱茵”，她高兴得不得了。问说还有没有鲇鱼煮味噌汤。她说大厨一样，所有的都一样。

但是不同的。“朱茵”把所赚的钱都花在装修上面，在顶楼又增加了一个露天浴场，也有可以租赁的家庭温泉，让害臊的客人做鸳鸯浴。一点一滴，都随着每次到来变化。房间也全部重新装修，加了一间特别室，有三十叠[109]大，每叠是三乘六英尺。里面是榻榻米卧室和西洋床铺；打开玻璃窗，有私人半露天浴缸，注入百分之百的温泉水。另一间二十叠的也有半露天温泉的设备。

最大的不同是，一走进大门，就看到玄关外铺着一张报纸，用两根木棍压着。原来每年都有燕子归巢，“朱茵”在下面做了这个燕子洗手间。说也奇怪，燕子都乖乖地排泄，从不污染报纸以外的地方。

这次我们一共住了两晚。“朱茵”为了在食物上求变化，在大厅架上竹架，让清水流过；竹筒子装了素面，让我们一口口清凉地进食，当成前菜。

当今的日本人都是省吃俭用，旅馆需要外来客。为了报答她，我和“朱茵”达成协议，让我的好友们也很方便地拜访，还硬硬要她打一个九折的折扣给我介绍来的人。

我们会把它当成一件商品，在淘宝网的“蔡澜的花花世界”店铺出售，只要点击就可以找到。

如果想看“八景”的环境和设施，可以浏览他们的网站，“朱茵”细心地做了一个中文版的介绍。

至于怎么去，据称“国泰”很快就要有直航冈山机场的飞机，或者各位可以从大阪进入，再坐火车抵达。如果事先预约，“朱茵”会派车子到车站接大家。

祝各位有一个愉快的旅程，你不会失望的。

另外，若有兴趣尝尝冈山水蜜桃，有自摘园地，可去“西山农园”。

八景

冈山县赤磐市仁崛东 1077　　+869582553

http://www.hakkei-yubara.jp/chinese_t/index.html

重游东京

农历年依一贯传统，跑到日本去休息几天。这回去的温泉选在群马县的“仙寿庵”，想念山里头大雪纷飞的气氛，就此前往。

前数回去的温泉都在关西，经停大阪。这次要经过东京，已好久没去，东京安缦旅馆也没住过，乘这个机会试试。

一向以房数少见称的“安缦”，东京这一家有八十四间，算是多的了，位于大手町。

大手町是中央线的一个站，离东京站不远，附近全是商业区，一点生活气息也没有，到了晚上，就是个死城。

“安缦”在大厦中占了几层，好在出手阔绰，大堂打通四层，楼顶高得不得了。懂得浪费，才有气派。禅味的设计，一切以简单的线条为主，显得清清静静。

早餐在大堂层的餐厅，晴天可望富士山。有西餐和日本餐可供选择，当然是后者。上桌一看，有两个木盒子，装有各种各样的佳肴，白米饭香喷喷，非常丰富。

每层只有几间房，进去一看，空空洞洞，没什么装设，电视机也要按掣才升上来。特色在日式风吕[110]，虽然不是温泉，也有点味道。

供应的浴衣质地极佳，问有没有得卖，说在spa区出售。跑去一看，有个无边的池子，三十米长，要经过服务台另乘电梯才能到达，不能从大堂直接去。

浴衣一万五千日元一件，不算贵。按摩价要比其他水疗高出一倍以上，但服务奇佳。替我做油压按摩的小姐叫光，年纪轻轻，功夫一流，通常有这种技巧的已上年纪，而且变为老油条不肯用力，此姝绝对值得一试。

房租一晚多少钱呢？通常上网一查就知道。但是东京"安缦"卖的是海鲜价，每天在变，随时提高。普通房从十二万日元起到二十万日元左右，不包早餐和税，套房价钱多一半至一倍不等，值得吗？住"安缦"的客人，也不计较了。

但没有生活气息是致命伤，试过一次就算了。下回去东京，还是住银座的"半岛"，跑出来就有东西吃，还可以购物，毕竟方便。

又去银座的Takagen[111]手杖专门店。买手杖已是我的人生乐趣之一了，这回找到一根黑漆漆、一点都不起眼的手杖，是楠木制造的。这棵楠木树龄至少比我老许多，我很喜欢。另一根是漆器，也是全黑，但把手是一朵鲜红的玫瑰。最后一根最标青[112]，用一个大羊角做成，见到的人都说很有架势。

如果要避开人群的话，别到银座的“三越”，去日本桥的本店好了，这里只有日本人会来光顾，卖的东西也较银座店高级。我曾经在这里做了一件夹棉的衣服，现在穿着写稿，天气多冷也不会感觉冻。日本人没忘本，把这种衣服称为“吴服”，每家大百货公司都有吴服部门。别骂我学日本人穿日本和服，我只是穿中国的古装。

这回的餐饮去的都是一些常到的。“一宝”天妇罗的银座店由三弟关胜主掌，他会讲流利的英语。在香港开“一宝”的是二哥，他这次放假专程赶回东京帮手[113]。大阪的总店是爸爸和大姊经营的。水平皆一流，用的是藏红花油，非常轻盈，吃了不感到腻。

黑泽明家族开的“黑泽”铁板烧这次不去了，中午到他们的永田町店去吃蒸牛肉和日本面，也很美味。

在福井吃得很满意的螃蟹，原来在东京也能尝到。“望洋楼”在青山也开了家分店，每天从福井运来三国甜虾和越前大螃蟹。这餐蟹宴，也很尽兴。

在自由活动那天，好友廖先生请客，再次去“麤皮”吃牛排。因为我们是熟客，怎么放肆也行，各种烧法每样叫一客，切开来

分着吃，就能试到不同的滋味。先来全生的(blue)和全熟的(well done)，再吃各种半生熟(rare)。

用的牛肉也和神户蕨野的“飞苑”一样，是三田牛。日本各地的牛都吃过，公认还是“三田”最好，而烧得出色的只有“飞苑”和“麤皮”这两家。经理前来道谢，说上次我写过他们店之后，他们生意好了许多。

返港之前，当然少不了大家一起到筑地去走一趟，看到经常光顾的“井上”拉面和“狐狸屋”牛杂档都大排长龙。已没办法等那么久才吃那么一碗，但还是挤了上去，问道：“就快搬了，你们也一起搬去新的筑地吗？”

见两家人的老板都摇摇头，说还是在原址做下去，就放了一万个心，下次还可以来逛“老筑地”。

安缦旅馆

东京千代田区大手町 1-5-6 大手町大厦　+813-5224-3333

三越

东京中央区日本桥室町一丁目 4 番 1 号　+813-3241-3311

“一宝”天妇罗银座店

东京中央区银座六丁目 8-7 交询大厦 5 楼　+813-3289-5011

“黑泽”永田町店

东京千代田区永田町 2-7-9　+813-3580-9638

望洋楼

东京港区南青山 5-4-41　+813-6427-2918

在东京买房子住

“现在东京的房价那么便宜，日元的汇率又那么低，你们会考虑去那里买一间房住住吗？”几个人在一起聊天，谈到这个问题。

“如果有几百亿身家，在什么地方买房子住都行，但我不会在东京买。”我说，“第一，没有那么多剩余的钱。第二，每次住上十天半个月的话，我还是住酒店。”

“买房子也是一种投资呀，万一房价涨呢？”有人说。

“万一跌呢？”我反问，“拿这个钱，要住多好的套房都行。”

“谈的是比方，比方你决定在东京长住，你会住哪一个区？”

我说：“我的话，会住月岛区。”

“月岛？在哪里？”

“月岛就在筑地附近，离开银座也不远。”

“为什么选月岛？”

“那里还一直保留着六十年代的古风，有很多木造的建筑，对我来说是一种怀旧。而且买菜也方便，走几步路就是‘筑地市场’。那一带又有很多很地道的日本菜餐厅。”

“是呀。”友人赞同，“天天吃日本菜，不然自己买回来煮，真是乐事。”

“不过到日本去玩玩可以，要我长住我是不会的。日本并不是一个很适合长住的地方，一切都要自己动手，年轻时还行，在我这个年纪就不适宜了。”

“可以请家政助理呀。”友人太太从不会做家务，她想得也简单。

“日本人从来不请用人的，就算是公司大老板，家里的事也得亲自动手。”我说，“像你什么都要靠人的，一定住不惯。不过话说回来，日本的灰尘没中国香港那么大，清洁起来倒不是难事。”

“那就买吧。”

“也不是那么简单。垃圾分类就很头痛，什么可以燃烧的、不可以燃烧的，大件的、小件的，来收垃圾的日子都不同，而且费用高得很。”

“有多贵？”

“一间普通的家居，有水费、电费、煤气费，还有看电视也得收费，NHK[114]会向你收费，加起来，一个月也要十几万日元。”

“哇！”

“交通费更贵。就算挤火车、地铁，也不便宜，更别说搭的士了，一上车就得上百块港币。日本人很少搭出租车的，除非是过了凌晨十二点，没有公共交通工具。”

“但是我喜欢吃日本东西，在那里买了房子，可以天天吃，那多好！”

“日本菜其实说起来是很单调的，鱼生、天妇罗、鳗鱼饭、锄烧、铁板烧、咖喱饭、拉面等，吃来吃去就是那几样，也会吃厌的。”

“吃厌了去吃西餐呀，东京的西餐厅有很多是米其林星级餐厅，中华料理店也不少呀。”

“对，都是贵得要命，而且很难订到位的；就算能给你天天光顾，到某个程度也会厌。偶尔去日本住上一两个星期是可以的，一连住几个月，你就会发觉受不了。”

“说得也是。”友人点头。

“但是，东京除了吃，还有很多文化活动，如果我长住下来，可以仔细去看，我是不会厌的。”

“比方说呢？”

“比方一个上野公园，附近就有日本国立西洋美术馆、东京都美术馆、上野森美术馆、日本国立科学博物馆等等，花上几天都走不完。日本国立西洋美术馆的收藏很精博，罗丹的古铜雕像群比什么地方都多。看完了上野，可以去根津公园。我最初到东京就是由我父亲带我去的，那里很少人知道。根津公园不但庭院漂亮，那里的根津美术馆里还有很多中国的字画，非常难得。其他地区值得去的还有现代美术馆，偏门的美术馆有东京都写真美术馆、浮世绘太田博物馆、文化服装学院服饰博物馆、印刷博物馆、烟草与盐博物馆、目黑寄生虫馆等等，半年都走不完。”

“这些我没有兴趣，我只喜欢关于吃的。”

“那么到台东区好了，那里可以找到专门吃土鳅或马肉的老店，都是上百年的。另外有一条叫‘河童街’的，专门卖餐具，从餐刀到服务员的制服，从各种设计的菜单到食物的蜡样办[115]，无奇不有。仔细看，一点一点买，要开一家餐厅，什么都齐全。”

“东京那么好玩，还是买一间房来住吧。”

“只是吃和玩的话，我还是不赞成的，因为怎么吃怎么玩，都有生厌的一天。要在日本住下，必得认识日文，会讲日语，懂得欣赏他们的文化，不然，一切枉然。你们买的房子，总有一天会卖掉，而且是亏本地卖掉，何必呢？租个短期合约的住家，住一两个月试试看，还是想买的话，到时再决定吧。”我说。

老 板 娘

我们常去的那家最地道的鱼生店“高桥”的老板死了，老板娘说不再做下去。

“待在家里也不是办法呀。”我说。

“一个女人，管不了那么大的店。”

“你有两个女儿帮手嘛。”我说。那两个女儿长得也真漂亮，可见老板娘年轻时更是大美人。

“三个女人，行吗？”她犹豫。

“我们来店里，也从没看过你丈夫。”

“他总是躲起来，不和客人打交道。”

“不就是嘛！”我说，“现在有他和没有他的分别也不大呀！”

“说得也是，女人不做事，就没生命力。”

“你大女儿好像和那位年轻师傅的感情不错呀！”我说。

“他们对婚姻都有点恐惧，说看到同学和朋友都闹离婚。”老板娘说。

我把大女儿叫来：“唔，你的父母结婚几十年，也不都是好好的！”

大女儿给我当头那么一喝，有点愕然，向母亲说：“妈妈，蔡先生为什么讲这种话？”

“傻丫头，”老板娘笑骂，“他是要你们早点成婚。”

红着脸，大女儿走开。

“你不做的话，我们下次来吃些什么？”我再劝她。

老板娘有点心动：“做下去的话，只能把店缩小，每晚少收些客人，才不会太辛苦。”

“缩小就缩小嘛。”我说。

“但是你们下次来，我招呼不了了。”

“不必为我们把店关起来。”我只有那么说。

“不过，你们来了七年，每年都带给我们不少生意，甚不好意思，谢谢，谢谢。”老板娘一直送到门口，我看见她眼边有点泪珠。

单身母亲旅行团

叶蕴仪是我发掘出来的明星，十四岁那年主演了我监制的《孔雀王子》和《阿修罗》，光芒毕露，是位天生的好演员。

本来前途无量，但她决定放弃事业，嫁人去也。可惜，婚姻并不美满，替男家生了一对子女后离婚收场。

一般女人受不了这打击，但叶蕴仪带着两个孩子坚强活下去。这期间我们没见面，我只在报纸上看到她的消息。

叶蕴仪学习做篮艺和陶艺，并示范作品、教育下一代，也做过时装和公关等工作，经济独立。我对她又佩服又敬仰，一直想替她做点什么事。“叮”的一声，头上的灯亮了。不如乘现在暑假，组织一旅行团，让天下离了婚的女人集合在一块，到北海道去走走。

孩子们在一望无际的原野中奔跑，到农场亲自饲牛、挤牛乳和做芝士；去美丽的小樽参观玻璃的制作，到朱古力厂吃甜点，到雪糕厂吃冰激凌……还有很多节目，我正在安排。

小孩玩乐，大人和叶蕴仪聊聊单身母亲的欢笑和眼泪。我没有这种经验，只有随团去讲几个儿童也能听的笑话，或教他们画画领带。

暑假的北海道，食宿不容易订到。终于决定在八月七日出发，距离现在还不到一个月，不够时间通知有兴趣参加的人，最为困扰。

但是要去的就去，不去的，宣传再多也没用。我要是自己有小孩，一定给他们最好的，所以这次只有商务位，吃住一流。孩子父亲，为了赎罪，也应付钱。

一向认为经验过，才会随遇而安。

助手徐燕华自小娇生惯养，总是鲍鱼、鱼翅。长大后，一碟普通的春卷也吃得津津有味。她的父母，并没有宠坏过她。

当然，单身父亲也欢迎。大家在旅馆浸完温泉、吃过大餐之后互谈心事，也可凑合另一段缘分，也说不定。

真 面 目

日语的“真面目”，并非照字面解释，说的是“认真”。

最喜欢日本人的这种做事态度，他们凡事追求做得更好，非常之认真。一认真，就能往完美的方向去走。这是条大道，实在值得学习。

举一个实例，二十世纪六十年代，我在日本生活，经常在新宿夜游。车站的东口有条小路，晚上就出现一档小贩，推着车子，吹着喇叭，在卖拉面。空着肚子喝酒，较易醉，酒后才去吃最便宜的拉面，是穷苦学生的生活方式。

好一个大碗，里面的面条上铺着一些干笋、几块全是粉的鱼饼、一片海苔，就此而已。

喝了一口汤，什么是汤？根本就是酱油水，连味精也不肯多放一点。面条又硬又无味。天下最难吃的东西，就是这碗拉面了！

经过了这数十年的精益求精，现在的汤底用大量的猪骨、鸡骨去熬，再加海带、洋葱、卷心菜、胡萝卜。汤愈来愈浓，最后还加了煎过的鳙鱼猛火滚成奶白色。面条也学会用碱水和面，富有弹性，再加大量鸡蛋令色泽鲜黄。铺在上面的，更有半肥瘦的卤猪肉——他们误称为“叉烧”，半个溏心熏蛋，豪华起来，更有螃蟹肉、带子等等。

一碗完美的拉面形成了，变为他们的国食，输出到其他地方，影响别人的饮食习惯。

咖喱饭也是，最初叫为“爪哇咖喱”，一味加糖，甜得要命，最后演变出各类香料，又加牛肉和海鲜，也是他们家庭必然出现的菜式了。

如果不加以精究，那么就死守。一家老店，可以一两百年都保持一定的水平，就比进步更难了。京都有家叫“大市”的，任何时候去吃，都和几十年前的味道一模一样。几块甲鱼肉，长时间炖了出来，那口汤，一喝一生忘不了。再带儿子孙子去，他们又带儿子孙子，一代传一代，还是那么好吃。

日本人开店之前，就在门口挂上一条布帘，画着店的记号，叫为“ noren”[116]，他们的信仰不是什么宗教，而是怎么将这块noren 传宗接代。

不单店名，人名也是。像他们的歌舞伎演员，成名之后，最好是把儿女培养来承继，但是儿女不成材的话，就得在弟子之中选出一个优秀的，把演技全盘教授，等到弟子可以学得一模一样的时候，就把名字交了给他，叫为“袭名”，为的是让这门技艺不会消失。

日本人任何行业都能这么做，但并不是每一个行业都那么光彩。这不要紧，连脱衣舞，他们也认真地去学习，当成一门艺术来研究。我认识的一位大学的后辈，叫一条小百合，已是第二代了。

早些时候遇到她，问说有没有传人。她摇摇头，感叹地回答，找到一些年轻的，虽然都还跳得不错，但皮肉之苦还是受不住，表演不了用蜡烛泪烫身的绝技，不过还会不断寻找和教导，希望“一条小百合”这个艺名不会停止在她身上。为此，她写了多本著作，将学到的一切用文字记载，这一代不行，也许愿能够隔代相传。

传统，也需要人民的素质来支持，代价更不可缺乏。一条小百合如果再肯出来表演，她的一场收入是可观的。一切有艺术价值的东西，都有丰富的酬劳，像一对筷子，做得出色的话是两三千块港币才能买得到的。有人肯出这个钱吗？有，在他们的社会中总会有些人懂得欣赏。就算不是为了钱，也有人思考：这一生如何能从平平庸庸之中突围，变成一个死去之后还有人记得的人呢？

为了这一点，还有许多乡下小伙子慕名来拜师，学徒制度还是存在的，还是有父母愿意将小孩交给一个大师，学到傍身的一技的。

也有很多人是误打误撞的。起初认为是平平无奇的一份工作，他们做了之后，从上司或前辈那儿学到他们认真的态度，受到了感染，而自己也愿意追随他们的足迹，认真把这份工作当作终身事业。

最好的例子，就是《编舟记》这本小说。改为电影之后，中国香港的译名是《字里人间》，是从一个编辑字典的枯燥题材而演变为一个深奥又感人的故事的。做这么一本小字典，花了十五年的功夫，还不断地新增字汇，最能代表日本人做事认真的态度。

前几年得奖的片子《入殓师》也是一样，就算是令人厌恶的埋葬死人的职业，也总想去做得最好。

大 阪 人

来了几次大阪后，对她的印象改观。年轻时匆匆经过，以为只是一个到处可见烟囱的工业城市罢了，没有京都那么优雅，也不及东京的繁华。

接触了大阪人，才知道他们思维敏捷、做事果断，和香港人有很多相同之处。

工业已逐渐搬离，大阪剩下的是庞大的商业组织。是的，大阪人是日本人之中最会做生意的一群，从他们的报纸可见：《朝日》和《每日新闻》都不及《经济日报》销得好，好像每个人都钟意[117]做买卖。

生意之余，他们大吃大喝，吃的花样较东京多，也比东京便宜。人民懂得赚也懂得花，游水海鲜最先在大阪流行。

大阪人讲的是关西话，和标准日语不大相同，像表示“谢谢”

的“arigatou”，关西话说成“okini”。其他“乡下地方”的人到了东京，都弃土音改为标准语，只有大阪人坚守关西语，懒得管你懂与不懂，这是他们相当自豪的一件事。

说到态度，大阪人就没有北海道人热情。大都市人总有一份冷漠感，而一旦做了朋友，却会发现他们很深情。我有许多大阪旧交，几十年后见面还和当年邂逅时那么亲切。

和大阪人做生意多了，就摸得清楚他们有几个面孔：先是笑融融的；一杀他们的价，便摆出一副愁眉苦脸，接下来是苦苦地哀求；还做不成的话，大阪人便先不在乎，后来变成愤怒，说怎么可以那么欺负他们；最后对方也让了一步，他们又是五四三二一地愤恨、不在乎、可怜、哀愁，最后回到笑融融。

总之，和大阪人做买卖比和京都人容易，京都人皮笑肉不笑的，永远猜不出他们在想些什么。东京人做决定太慢，从来不肯一个人拿主意，要死也要把整间公司拖下水，不能是一个人的错。大阪人性格，交女朋友就利索，要与不要分得清楚，不会拖。

赏樱去处

日本全国植樱，观赏樱花的地方无数，在任何一个都市的公园里都能看到。但樱花怒放的时间很难算准，只能定在三月下旬到四月初这一期间去，什么地方开得最美，就直接前往。从南部的九州岛到北部的北海道，一路寻找，这就是所谓的“追樱”了。

也不一定要花费巨款，年轻时没钱，乘坐乡下火车，价钱合理到极点。吃些地道便当，晚上找个民宿下榻，昼夜看不完。

Sarai[118]杂志提供了很完整的参考数据：从熊本站坐到宫地站，全程五十分钟左右，车费七百四十日元，要舒服点可以买张一千三百三十日元的指定席。可以一早预订，一路都可以看到樱花。

樱花当然是多才美，但有时单看一棵也不错。在南阿苏铁道中松站下车，走十五分钟的路，就能看到一棵二十一米乘二十六米的大树，叫“一心行大樱”。整棵树看不到叶子，只见花、花、花。花个一生也数不完的花瓣，让你感叹大自然的神奇。衬托着粉红色樱花的是前面的一片黄色的油菜花，简直是完美。

回程时，在熊本市内，可以到一家叫“菅乃屋”的饭馆吃饭。它也和樱花有关——日本人把马肉叫为“樱肉”，这是家马肉专门店。这里可以吃到马肉刺身，也有马心脏等内脏；另外有马腩等部分，用来吃火锅，十分之美味。洋人觉得吃马肉十分野蛮，中国香港人爱跑马，也不吃；我总觉得牛羊可吃的话，马肉也能试试。价钱很合理，一人份只要四千六百日元。

离东京不远的山口县，有辆从岩国站坐到锦町站的赏樱火车，有时只有一卡[119]，有时两卡连接，车身画着粉红樱花，全程一小时十分钟，车费只要一千一百五十日元。沿途除了樱花之外，还有保川溪流，也十分之清亮。旅客可以一面坐车，一面吃当地著名的“保川清流驿便当”，里面有各种不同做法的莲藕、烧鱼、泡菜和鱼寿司，才卖一千日元。

山口县的岩国市内，有个“杏香公园”，这里的“锦带桥”是日本名胜之一。几个大石墩上架着的古老的木桥，是岩国藩的第二代藩主吉川广嘉所建。他一直仰慕中国文化，桥是根据杭州西湖公园的桥梁设计的，也值得一看。

若想前往，可向锦川铁道锦町驿询问。

到了四月中旬至下旬，就要去天气较为清凉的和歌山了。和歌山就在大阪附近，这里有辆樱花观赏特别线，叫“天空”，车程四十五分钟，乘车费四百四十日元，指定席五百一十日元。从桥本站坐到极乐桥站，在那里再乘缆车，就能直上高野山。高野山为日本“密宗”聚集地，参天的巨木和古老的寺庙看个不完，当然途中的樱花更美。

这里有高野山真言宗的别格寺，在清净心院中有棵大得不得了的樱花树，叫“伞樱”。另带一提，那里的芝麻野葛豆腐非常好吃，口感如丝如锦，可在“角边胡麻豆腐总店铺”买到。

如果想同时看到白色、粉红色和鲜红色的花朵，那就得去群马县。从东京去群马也不远，在那里有条渡良濑溪谷线，从桐生站坐到间藤站，全程一小时三十分钟，车费一千一百日元。之所以有这三种颜色，是因为除了樱花之外，还夹着桃花。那里也有许多温泉旅馆，可以一面赏樱一面浸露天温泉。

附近的赤城西面有“千本樱”，是“日本樱花名所百选”之一，当然不只一千棵树木。再走远一点，有“宫城千本樱之森”，约有十五万株的樱花。

离东京更近的是山形县，这里有条山形铁路 Flower[120] 长井线，从赤汤站坐到荒砥站，大约一小时，车费不到一千日元。

铁路两旁有树龄五百年以上的樱花，左右两边的花朵连接成了“樱花回廊”。再走远一点可看到伊佐泽的“久保樱”，树龄更老，有一千二百年，是日本“国家天然纪念物”，晚上有灯光照亮。若要参观，可向长井观光站询问。

不想去太远，东京周围的高尾山就有许多名樱和古刹。乘坐都灵荒川线，从三之轮桥到早稻田，车程五十六分钟，车费一百七十日元，那儿的“飞马山公园”里的樱花也看不完。

菅乃屋

熊本市中央区下通 1-9-10　+8196-312-3618

营业时间：只在周末和假期中午营业，平日从 18：00 开到 24：00。

锦川铁道锦町驿

+81827-72-2002

别格寺

和歌山县伊都郡高野町高町山 566　+81736-56-2006

角边胡麻豆腐总店铺

和歌山县伊都郡高野町高町山 262　+81736-56-2336

久保樱

山形县长井市伊佐泽 2021　+81238-88-5279

夫妇善哉

我到大阪去的时候，一定会光顾“夫妇善哉”甜品店。

并不是对吃甜东西有浓厚的兴趣，而是被这家人的传说吸引，走去怀旧一番。

为什么叫“夫妇善哉”呢？

这是从织田作之助的同名小说改来的。织田的故事说有个叫蝶子的女人，家里是开天妇罗炸虾店的，爱上了一个有妇之夫柳吉。

柳吉放荡不羁，只爱讲笑话、抽烟喝酒。他是有才华的，但看不惯这个社会的制度，什么都不做。

蝶子爱上他之后，把她一生的储蓄全交给他去花光，目的只是要劝他好好地做人，别浪费青春。

这种故事本来常以悲剧收场，但作者织田反传统地将一切化为幽默、荒唐，把柳吉和蝶子间的爱情升华，认为他们比真正的夫妇更像夫妇。

作者很年轻就患肺病死了。他小说中的甜品屋是虚设的，人们为纪念他而开了这家店，卖的是红豆煮年糕。作者最爱徘徊在大阪市中心的法善寺横巷，巷里有很多餐厅和酒肆，现在这家“夫妇善哉”就开在这里。

后来，这故事也拍成电影，由森繁久弥演柳吉，淡岛千景饰蝶子。电视上，这个剧集也拍了再拍，代表了大阪市一种特别的情怀。大阪人很会做生意，也爱吃、爱泡温泉、爱喝酒。大阪步伐很像香港，所以我感到非常亲切，比东京甚；大阪人也比东京人有趣得多。

“这种故事只有男人爱听，我们才不肯做这种傻事！”女性大表愤怒。

我也不反对这种看法，只认为太理所当然了。而理所当然的事，当然不会变为永垂不朽的传说。

夫妇善哉

大阪市中央区难波 1-2-10　　06-211-6481

股　见

日本三大奇景之一，叫“天桥立”。

从大阪去，乘旅游巴士，要三个钟[121]。

抵达一个靠海的小镇，进入停车场，再走过一个神社，就是车站。游客可以乘像香港“山顶缆车”一样的交通工具上山，或者坐滑雪缆车，后者比较刺激。

上了山，有两个石台，给人“股见”。

什么叫“股见”？原来就是跨开双脚，俯下头去，反身从双股之间望出去，就是股见了。

“天桥立”讲开了不过是条种满树的长堤，用来防波，让堤内的船平稳停泊。后来海水渐浅，已停不了船。长堤像把海划开，如果用“股见”看出去就像天为海、海为天，两者同样是蓝色之故。

这时出来了三十多个女人，白衣黑裙，清一色，都抓起长裙来“股见”。

“一定是交响乐团的团员。”朋友以尊敬的眼光看着她们。

我走过去问，得知是某公司请来的宣传女郎。朋友大失所望。

其他团友像小孩子，嘻嘻哈哈地各自站在石台上“股见”。有些人因不惯这种姿势，血冲上头，晕陀陀[122]。

由停车的地方爬上小山，已经气喘，又要“倒栽葱”。轮到我“股见”，我摇头说不来了。

但大家认为自己都“股见”了，你一个人不“股见”怎行？非要我点头才肯罢休，最后，唯有答应。

“借我一用！”我看见一位团友拿着手持摄影机，抢了过来。

把摄影机倒反，我从屏幕中看，让机器去晕头晕脑，目的达到。

大家骂我赖皮。

“更赖皮的，是这个方法。”我说完，在小卖店里买了一张明信片，将它翻过来看。傻乎乎做过“股见”的人，追着我打。

淡路花博

在淡路岛举行的“淡路花卉博览会”，从三月十八日开到九月十七日。

本来以为这是老人感兴趣的玩意，没想到倒吸引了不少年轻人来观赏。会场停车场每天超过一千辆旅游巴士停泊，非常拥挤。排队入场和散会时都要各花一小时。

我们选了星期一早上，从大阪出发，连车程顺利地花了一个小时多一点就进入会场。

会场里特别一点的有：

一、花之馆。有营帐式屋顶的室内展览，巨大的会场中展示着世界各国的花卉。当然，日本的占最多，各个插花流派献出大型的插花艺术，最多看头。

二、绿和都市之馆。重视热带雨林，说明树木和人类之间的密切关系，以及如何保护他们。

三、花与绿的生活方式馆。展示用电脑的高科技养花和建筑庭院，提供二十一世纪的种植科技。

四、生产技术展示图。介绍园艺、蔬菜和水果的种植，教你怎么用这一行来赚钱。

五、百段苑。将花分为高高低低的一百个花坛，展示世界各国的菊花。

六、梦舞台温室。三层楼高的温室之中，摆设着全球的热带植物，里面也有从云南运来的奇花异草。

少不了的是卖纪念品的大型会场和林立的食肆，吃的东西卖得不是特别地贵。另有一处是日本人一定要有的“迷子馆”，服务走散的儿童。

从关西机场有专线巴士载客前往，就算包一辆的士去，也不是很贵。

这次去，失望的是花的种类并不是很多。问起日本人，他说四月底五月初不是季节，六七月花开得茂盛。

值不值得去？喜欢花的人，走一趟是值得的。只爱购物或打电子游戏机的朋友，不去也罢。

重新发现福井

“你去了日本那么多地方，最喜欢哪里？”常有人那么问我。

北海道我最熟悉，当然喜爱。山形县也好，乘着小船看最上川的春夏秋冬各不同的风景，又有美酒“十四代”喝，真不错。夏天最好的当然是冈山，有肥满得流出甜汁的水蜜桃，入住的那家酒店对面有河流穿过，岸边喷出温泉，男女老幼都赤条条地浸着，晚上享受老板娘特制的鲇鱼面酱汤，真是乐不思蜀。还有，还有……

但说到最喜爱，最后还是选中了福井，别和有核电站的福岛混淆。福井可从上海、首尔直飞小松机场，再乘几个小时的车就抵达；由香港去，飞大阪最近，坐一辆很舒服的火车叫“Thunderbird”[123]的，两小时抵达，旅馆就会派车相迎。

已经去了多次了，和“芳泉”旅馆的老板和老板娘都混得很熟。“芳泉”的好处在于那二十八间房，每间房都有自己的温泉。当然，要去大浴室也行，不过想多浸几次，还是一起身就跳进房间里的

露天风吕好；吃完晚饭睡觉之前，照浸不误；每天连大浴室的，浸个四五次才能叫够本。

如果只有一两个人去的话，那么海边的那家“望洋楼”最舒服。只有七八间房，吃的是一流的螃蟹。说到螃蟹，福井的“越前蟹”一试难忘，不是其他地区的可以比较的，也只能到福井去才吃得到，一运到外面就瘦了。

肥大的蟹钳，吃生的，专家们才能切出花纹来，蘸点酱油吃进口，啊，那种香甜，不是文字形容得出的。

另外的刺身有福井独有的“三国虾”，生吃一点也不腥，甜得要命，也从来不运出口。另一种样子难看、色泽不鲜艳的虾，比三国虾更甜，只有老饕才懂得欣赏，在香港和东京的寿司店从来没看见过。

介绍了殳俏去，她可以证实福井的蟹和虾的美味，还在她那本《悦食》杂志大篇幅介绍。推荐过多位友人去，也都大赞。

螃蟹有季节性，每年从十一月到翌年二月才不是休渔期。甜虾则全年供应。

其他时期去福井也有大把好东西吃。他们酿的酒“梵”是我喝过最好的之一，继“十四代”之后，应该会最受欢迎。我今年也许会组织另一团，专门去喝这个牌子的清酒，因为和当地人混熟了，酒厂会特别为我开放参观。通常参观出名的酒厂也买不到好的，“梵”会特别为我安排，让大家大批买回来。除了“梵”，福井还有数不尽的酒庄让你试喝个不停。

到了春天，福井山明水秀。有一棵树龄三百七十年的垂樱，巨大无比，生长在“足羽神社”，见证历史的变迁。看完了这棵树，继而在“樱花大道”散步。“樱花大道”全长二点二千米，是樱

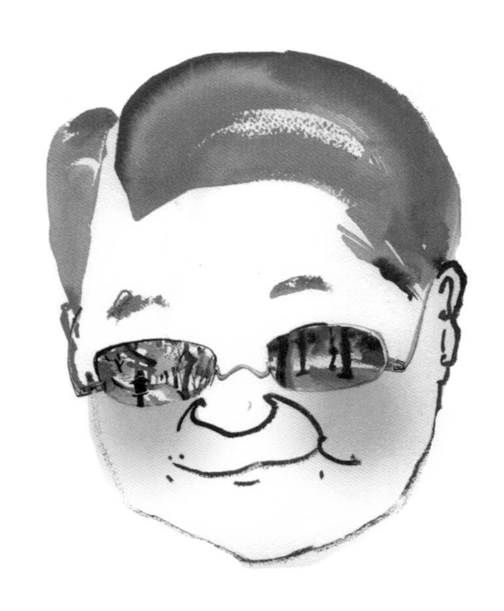

花森林，日本首屈一指的赏樱地点，到了晚上灯光照耀，让你宛如置身梦境。

夏天有盛大的烟花表演；还有“越前朝仓战国祭”，重现了火绳枪的射击。

春天是海产最丰富的季节。夏天有竹荚鱼和海螺，另有三大珍味之一的腌制海胆。要吃生的，海胆夏天也解禁了。从小生长在福井的人，据说是吃不惯其他地方的鱼的。

京都、金泽的枫叶美丽，福井的也不逊色。“养浩馆庭园”是江户时代福井藩主松平家的别墅，秋天时满山是金黄的红叶，如诗如画。

回到冬天，白雪覆盖。古时代的福井被大雪封路，断绝了所有交通，但人民在逆境中求生，家家户户都开始做金丝眼镜，造就了近代的福井。日本全国有九十巴仙的眼镜都是在福井制造的，其他国家的名牌货也多数在这里加工。眼镜业的发达，令检测的眼镜度数非常精准,在这里配上一副,你会发现看东西清晰得多了。他们最近还出了最轻巧的眼镜框，称为纸一般轻的“纸眼镜”。

大自然、历史、人文，映照成人民的幸福。福井名副其实是日本最幸福的县，教育水平也一直是日本首位，所有居民都彬彬有礼，到了当地就能感受得到。

在福井火车站附近，还可以找到藤野严九郎的故居。此君是谁？他是鲁迅先生的老师。绍兴市也和福井县芦原市结成友好城市，鲁迅也有著作提到藤野，鲁迅的儿子也写过这段友谊。

仔细游福井，还会发现不少好去处。这也是发现最多恐龙骨的地方，有间恐龙馆让儿童参观。年纪大的也许不感兴趣，可以推荐一个叫“白山平泉寺”的地方让大家去散散步。

“平泉寺”也叫“苔寺”，古木参天之下，满地的青苔，人们称之为“青蓝地毯”。除冬天外，这里看到的是一整片的绿色，树影倒映的水池也是绿色的，还有绿色的台阶，让你一步步地踏上去，禅意盎然。

当一个地方去完再去，你便会发现再发现这个地方的好处。除上述的，福井可以参观的还有制造“和纸”、陶瓷器的工厂。福井的漆器也是闻名的，日本人到那里总会带一双漆筷子回家；玻璃业也发达，另外可以看武士刀的铸制。吃的方面，更有肥美的河豚、荞麦面和很甜的番薯。

如果说不丹是人民最幸福的国家，那么日本福井就是游客最幸福的地方，福井不会让你失望。

美　妙

现在我人在日本和歌山的白滨，望着海写稿。天空由一片漆黑到逐渐变为紫色、浅蓝、淡黄。古人所说的鱼肚白，不是很正确。如果每天看日出，你会发现有其他颜色，但就是不白。

山叠山，云叠云，以为是一片同样的颜色，但其中有它的层次，分出远近。

微风吹动了海面，这是一个湾，像湖泊多过大海。海上有无数的渔排，是用来养殖生蚝的。渔船从中间穿过，一艘，两艘，三艘，数个不清。是辛劳的渔民出海的时候了，反方向是捕捉乌贼的船归来。一艘船中有几十盏大灯，不吝啬地亮着，反映在海面上，一艘船变为两艘。

选择这段时间工作，主要是被日出吸引。别人以为难得的美景，其实每天存在。不管是在山中还是在闹市，日出时都是一天最纯洁的时候。你已经有多久没有看过日出？

海鸥追随着渔船，渔夫将卖不出的杂鱼扔给它们吃。大自然之中，一点也不浪费。

烟雾缭绕着群山，是太阳的热量将露水蒸发。原来一切都在蠕动，海面，飞鸟，归舟，云朵，没有一种事物是静止的，除了遥远的房子吧？但也看到灯火一盏盏熄灭，又动了起来。

一日出，大地由童话变为现实。渔夫们抱怨所捕鱼渐少，年轻一辈不肯继承父业。海面上有时看到一层薄薄的浮油，从什么地方飘来的呢？那么渔排下养的生蚝，还能吃吗？

正感到绝望，天又渐渐转变颜色，古人说“天黑了”。当今的天，被城市之光照亮，只见蓝，就是不黑。这天地，不黑不白，剩下灰色。

但又是写稿到天亮，大地回到童话世界，天真无邪。海鸥群中，有一只老鹰，那翅膀是多么坚强巨大，是不是可以把我载走，飞向太阳？活着，还是美妙的。

重访新潟（上）

对新潟的印象，当然是米，什么“越光”之类的日本大米，都产自新潟。好米来自好水，有好水，就有好的日本清酒了。

第一次去新潟，是为了买“小千谷缩”这种布料。新潟昔时被大雪封闭，女子织好麻，男子拿去铺在雪地上，麻变质，缩了起来，不会粘住肌肤，又薄如蝉翼。这种布料已成为文化遗产，只能在新潟找到。

很久没去日本吃水蜜桃了，说到水蜜桃，当然是冈山的最好，但那边的酒店没什么水平。记起新潟也盛产水蜜桃，而且非常之甜，又恰好当地观光局派人来邀请我去视察，就即刻动身，重访新潟，看看有什么好吃的和什么好旅馆。

早上八点从香港出发，日本时间下午两点抵达成田机场。老友刈部谦一已在机场等候，他是我那本日文版《香港美食地图》的编辑，人和名字一样，谦谦有礼，是位知识分子。同行的还有

小林信成，是新潟人，亦是作家。

苦候三个半小时，到五点三十分才由成田起飞到新潟。坐的是一架小型螺旋桨飞机，抵达新潟机场太阳已下山。这种走法并不理想，如果带团来，可要想别的途径。

新潟产业劳动观光局的课长玉木有纪子和主任野泽尚包了一辆七人车，我们一行五个人开始了新潟的四天旅程，让我看当地最好的一面。

被雪包围的“岚溪庄”是一间很别致的旅馆，被列入物质文化遗产，也是“日本隐秘温泉守护会”的会员。花园中有一个个白雪堆成的小屋，里面点着火把，像大灯笼，客人可以钻进去饮酒作乐。女大将大竹由香利是日本大学艺术学部的毕业生，对我这个大前辈恭恭敬敬。我只是一心一意地想即刻冲进温泉中泡一泡。

果然是好汤，用手一摸自己的身体，滑溜溜的。无色无味的温泉，是最高质的。这个泡浸，的确能恢复身心疲劳。其实这句话有语病，恢复疲劳，那不是把疲劳叫回来吗？哈哈。

吃一顿丰富的晚餐，倒头即睡。翌日的早餐也好吃，餐具都是古董，很讲究。刘部谦一问我意见如何，是否可以带团来住。问题在整间旅馆只有十一间房，我说：“带女朋友来，是很理想的。狗仔队也不会追踪到这里。”

翌日早上九点出发，去了“玉川堂”看铜器制作。附近有铜矿，“玉川堂”所制铜器自古以来闻名，在一八七三年日本初次参加维也纳世界博览会时已得奖。明治天皇婚礼时“玉川堂”也送过铜制的大花瓶，从此皇室的典礼中，都用“玉川堂”制品，当今是新潟县的非物质文化遗产。

老匠人仔细地介绍，如何将一块普通的铜板打造成一个铜茶壶：每一平方英寸[124]，至少敲一百下。依时间来算，普通人觉得贵的，也很便宜。

买了一个之后，问老板玉川洋基道："当今中国泡茶，流行用南部铁壶，和铜造的有什么不同？那一种较好？铜壶是不是烧出来的水特别好喝？"

"一般人喝不出的。"他回答，"铜的传热的确比铁的快，沸水的时间短，但也得小心看着，水烧干了铜壶会穿洞。不过如果是我们的制品，可以拿回来免费修理，会和新买的一模一样，可以用一生一世。"店里还陈设着其他产品，像铜茶罐、茶杯和酒器等。

再去看"庖丁工房"的制刀厂，位于三条市。"庖丁工房"十六世纪以来就以造刀著名，从专业用的到家庭用的，连切荞麦面、劏金枪鱼的特制刀具都齐全，而且备有各种刀柄，牛角、鹿角的都有，也接受定造。我买了一把精制的厨刀，才八千日元，一点也不贵。

已到中饭时间，去一家叫"长吉"的餐厅去吃 kamo 料理。日本人的所谓"kamo"，用汉字写成"鸭"，其实和鸭无关，是"雁"的意思。冬季野雁飞来，极肥大，数目多，取之不尽，不担心绝种，也就吃了。

吃法是把雁肉切片，放在铁鼎上烤，通常烤一阵子就可以吃。日本对吃雁还是有要求，一烤得过熟，肉就硬了。刚刚好时的确美味，皮的脂肪特别厚，略焦更美；肉虽然不能说入口即化，但也不韧。

“味道如何？”刘部谦一问道。

“还好。”我回答，“但不是能像牛肉、猪肉可以天天吃的。”

日本没有我们认为的鸭，鹅更要在动物园才能找到。如果去日本开我们拿手的烧鹅店，可用雁肉代替。

岚溪庄

新潟县三条市长野 1450　+81-90-3479-7000

onsen@rankei.com

玉川堂

新潟县燕市中央通二丁目 2 番 21 号　+81-256-62-5945

http://www.gyokusendo.com

庖丁工房

新潟县三条市东本成寺

长吉

新潟市西蒲区山口新田　http://www.shokokai.or.jp

重访新潟（下）

这次住的“龙言”旅馆并不完善，若办旅行团，一切都会因住宿问题而名副其实地“泡汤”了。

心急之际，观光局的玉木有纪子说，在一个叫“村上”的海边地方，新建了一间叫“大观庄”的旅馆，十一间房，皆有独立温泉，不过路途遥远。新潟地形又窄又长，村上市靠海，在最北边。我们决定乘“子弹火车”去，再远也得去寻找。

是否经过小千谷呢？这也是卖点之一，“小千谷缩”这种布料，是值得拥有的。

“经的。”南鱼沼观光局的平贺豪说。此君一路跟着我们，我在“龙寿司”吃东西时怕记不得那么多，叫他一一记下。他的功夫做得很足，我封他为我的私人秘书。他说：“还有一个关于布料的地方，也想带你去看看。”

他介绍过的寿司店好吃，对他有信心，就跟他去看看。到达

之后看见一片雪地，匠人在上面铺着一匹匹的布。我问道：“这是‘小千谷缩’吗？”“不。这叫‘雪晒’。”平贺豪回答。

遇到的“重要非物质文化遗产”匠人叫中岛清志，七十多岁了，他详细解释：“‘小千谷缩’是把麻布铺在雪地上，让它缩起来，做的是新布；我们处理的是旧布。和服可以拆开来，再缝成一匹长布来洗，洗过之后同样铺在平坦的雪地上。太阳和雪的反应产生臭氧，可以让布白的部分更白、彩色的部分更鲜艳。只有在新潟生产的麻布能拿回来洗，我们也说是让这件衣服回到故乡。”

“哇，”我说，“洗一匹布要多少钱？”

“很便宜，一百万日元左右。”

当然，以所花的人力和技术及时间来算，一点也不贵。

车子爬上弯弯曲曲的山坡，一路上是雪。在深山中，找到了一家叫“川津屋”的，我们专程来这里吃野味。很多人知道我是不吃野味的，但没有试过的肉我都会尝试一吃，而且这里的“洞熊”一年里只有三次机会可以抓到，数量还是不少，不是濒危物种。洞熊，又叫“日本獾”，性情非常凶猛，样子和体重都像果子狸。洞熊肉的颜色鲜红，有如玫瑰。煮熟了之后发现脂肪很厚、颜色雪白，赤肉则色淡，是有股异味，但并不难闻，吃惯了也许会像喜欢羊肉般喜欢上。

“川津屋”也可以住人，温泉水质很好，是度蜜月好去处。

吃饱后到小千谷，在一家叫“布 Gyarari[125]”的店可以买到有一千二百年历史的传统布料“小千谷缩”。“小千谷缩”用苎麻制成，一匹布刚好可以做一件中国男装的长衫。每匹五十万日元，运到东京、大阪就不止了。

乘火车到村上市，昔时的大街本来要给地产商夷平，但遭到茶叶铺和三文鱼干铺的抗议，保留了下来。

卖三文鱼干的店里挂满晒干的三文鱼，从天井到客人头顶，至少有上千条，像个咸鱼森林，蔚为奇观。店里的人拿了一尾下来，切了一小片给我试吃。没想象中那么硬，是下酒的好菜式。发现鱼肚没像其他鱼那样被劏开，只开了一个小口取出内脏，问原因。

回答道：“村上是个武士的村庄，连卖鱼的都是武士，切腹对武士来讲，是一种禁忌。”

去隔壁的茶叶店“富士美园”。店主四十岁左右，叫饭岛刚志，已是第六代传人。问到有没有玉露，他点头，我便请他泡一壶来试。

一喝，味浓，的确甘美，与京都“一保堂”的两样。

“和宇治茶比呢？”我想听详细的分别。

饭岛回答：“茶种是从宇治来的，但是我们的茶园日照时间短，茶树生长在下雪的地方，因而茶叶比较细小，也少涩味。你不认为很甘香吗？”

我点头，大家告别。

终于在日落前赶到那家大型的旅馆，与其说是旅馆，不如说是大酒店，一走进去就有一股观光客味道。房间虽说有私人浴池，但太细小。总之不够高级，放弃了。

心急如焚，翌日就要返港，再找不到下榻之地，怎么办？

忽然想起第一次来新潟时入住的“华凤”，观光局的玉木有纪子说已有新的别馆。我大喜，翌日即赶去视察，发现别馆富丽堂皇，非常之清静优雅，房间有西式的、日本和式的以及两种混合式的，私家浴池也很巨大。就那么决定了，松了一口气。

算了一算，还差一顿午餐。小林先生说有一位老友要介绍给我，一见面，发现是一个风趣的老头。

“你的年纪不会大过我吧？”我问。

“我八十三岁了。”早福岩男先生说。

“不可能的。”我叫了出来。

早福哈哈大笑：“我一生只会吃喝玩乐，会吃喝玩乐的人，不会老。”

那么吃的地方问他一定不错。他说新潟市区的艺伎自古以来闻名，不如去有艺伎的料亭吃甲鱼。想起京都市的“大市”甲鱼汤，好吃得令人垂涎，即刻叫好。

这么一切安排好，只等夏天水蜜桃最成熟时。

新潟，我来也。

川津屋

新潟县中鱼沼郡津南町秋山乡 +81-25-767-2001

布 Gyarari

新潟县小千谷市旭町乙 1261-5 +81-258-82-3213

mizuta@ioko.jp

富士美园

新潟县村上市长井町 4-19 +81-254-52-2716

http://www.fujimien.jp

冲绳之旅

“你一定跑遍天下了！”友人向我这么讲。

胡说八道，世界之大，三世人，不，不，十世人也走不完。别的不说，单单是香港附近的地方，没有去过的还有很多。举个例子，冲绳岛就没有机会拜访。

办个旅行团不就行了吗？唉，我的客人都被我宠坏，不去冲绳岛的主要原因是飞机没有商务舱，真是可笑。

主要还是没有什么特别原因要去吧？冲绳岛有的，日本本土都具备，而且条件比它更佳，真是没有什么理由非去不可。

但是，近来我有到此一游的冲动。为了什么？啊，是我想买一块布来做长衫呀。

什么布那么稀奇？

芭蕉布。

冲绳岛北部沿海的小村落一直保留着古时老风貌，长满芭蕉，在一个叫“大宜味村喜如嘉”的地方，生产了最著名的“芭蕉布”：把芭蕉叶的纤维撕下，细工织出来。此处的芭蕉田从不施人工肥料，芭蕉叶织成的布也不用任何的化学染料，一向有“又轻又薄，让人穿在身上感到快乐和安心”的美誉。

“二战”后，“芭蕉布”这种绝艺几乎失传，好在一九七四年乡民们将之复活，当今已被日本指定为“重要非物质文化遗产”。而为此献出一生的平良敏子已被封为“人间国宝”，当今已是九十多岁了。在冲绳岛买一匹“芭蕉布”，比在日本本土便宜得多，已值回旅费。日本人的布是一筒筒卖的，一筒足够做一件女子的旗袍，甚至男人的长衫。“芭蕉布”穿在身上，只有自己才知道它的价值。

不看风景吗？

当今旅游，还有谁看风景？纪录片中要看多少有多少，我们最多去那块写着“礼仪之都”的门匾下拍一张照片罢了，其余的沙滩和碧海，不如在塔希提岛欣赏。冲绳岛的地域不在赤道，也远离温带，看不见椰树或柳树，不上不下，的确没有什么值得一游的。

还是说吃的比较实在。冲绳岛料理有别于日本本土的，虽然有大把刺身可尝，但说到当地代表的菜，还是苦瓜。

冲绳苦瓜形状特别，外表疙瘩较为明显，味道更为甘苦。冲绳菜很受中国菜影响，鸡蛋炒苦瓜可说是无处不在。

另一种和中国菜一样的食材是猪肉。红烧肉很著名，他们也有变化多端的做法，像用白醋把肥猪肉腌了再切片，少了油腻的感觉，非常之特别。

喜欢吃腐乳的人有福了，我们一直强调不咸的腐乳好吃，像“镛记”做给老板吃的“董事长腐乳”。冲绳岛的人能做出不死咸又很润滑的腐乳。他们有些腐乳加了很多“泡盛”，那是一种土炮[126]，酒味特强，使腐乳更是好吃。

腐乳好，是因为豆腐做得好。那边的水质清澈，做出的豆腐又软又香。有种将小鱼腌渍了放在豆腐方格上的菜，一方格放一尾鱼蒸出来，也是其他地方吃不到的。

如果想吃最地道的冲绳菜，那么去“美荣琉球料理”好了，这家在一九五八年创业的餐厅古色古香，进门的那块“暖帘”，就是“芭蕉布”织成的。

“美荣”的菜是古时“琉球王朝”的宫廷料理，用来炖红烧肉的汁，就是用五种以上的食材熬成的。食器也讲究，虽说冲绳陶瓷较为粗糙，但保留着古风，欣赏其纯朴，也是一乐。

去了店里，叫他们的厨师指定菜好了，也不贵，九道菜才七千日元，十一道的九千日元，十三道的一万二千日元。

吃完了可到首里的“石迭道”散散步，或者去“浦添市美术馆”看漆器。不爱美术馆只爱吃的话，到“第一牧志公设市场”吧，什么当地食物都有，也可买一点“山城馒头”来试试。再走走，去“观宝堂”看古董。

想吃一碗面的话，有家百年老店，用木炭烧大锅汤来煮面，称为“木炭面”，听光顾过的人说特别美味。

住宿是一个问题，当然有 Ritz-Carlton 等五星级国际酒店，但我不想去住，我要住日式的温泉旅馆。也好像没有什么特别高级的，打听之下，只有一家叫“The Shigira”[127]的符合要求，但是没有住过永远不知道够不够水平，还是自己打头阵，先跑一趟再介绍给大家吧。

芭蕉布

冲绳县国头郡大宜味喜如嘉 454　+81-980-44-3033

美荣琉球料理

那霸市久茂地 1-8-8　+8198-867-1356

木炭面

本部町伊野波 350-1　+81980-47-6608

第一章

『吃不饱』的美食

必 敬 斋

每年农历新年，我都在外地。今年例外，除夕和年初一我留在香港，宁静度过。韩国的春节旅行团本来定在除夕出发，但韩国人也和中国人一样，农历年放假，餐厅不开门，所以我们只有等到初二才启程。

两个小时十五分钟的航程很容易过去，首尔并不如想象中那么冷，零下五度左右，当地人说是温暖的了。我们的两辆巴士浩浩荡荡入城，稍事休息后我们就去有五百年历史的餐厅“必敬斋”，吃韩国传统料理。

“必敬斋”的女主人很年轻，会说普通话。我问道：“在哪儿学的？”

“大学。”她回答。

“你贵姓？”

“姓曹，曹操的曹。”

她的普通话果然不错。她说本来是爷爷守餐厅，但没交给父亲，反而传了给她。

“必敬斋”是“韩国传统建筑物第一号”，韩式庭园非常优美，在院子中还烧着松树的巨木，香味围绕整个建筑物。曹小姐说：“从前便宜，现在一块直径半尺[128]、长三尺的松木，也要卖二十万韩元了。”

算起来一千五百港元一块，一晚上更烧个二三十块，真是花本钱。

“为什么一定要烧松木？”我说。

她解释：“为了一股松香，也为了一阵风流味。”

酒有两种，像米酒的土炮 makkoli[129]，还有和日本清酒同一度数的“百岁酒”。“百岁酒”浸了许多药材，有人参的甘香。

吃的东西精致得很，我要一直劝团友先别吃太多才行，好戏在后头，前菜一吃饱，就得后悔。出现的菜，多数在香港吃不到。

“为什么你要带团来韩国？”曹小姐问。

“中国香港人认为韩国的风景不错，但是吃的太差，我要让他们改观。”

曹小姐深深一鞠躬：“今晚的酒，我请客。”

新 安 村

韩国的料理总会会长，一定要请我吃饭。

“没有时间了，我都要跟随大队。”我说，“如果你一大早来接我出去吃早餐，九点钟送我回来，我就答应你。”

果然，他真的清晨七点就来了。我们摸黑去到一个地方，车子停下，还要走一段小路才能抵达目的地。首尔的旧区建在崎岖的山坡上，都是横巷，有了地址也不容易找。

看到招牌，我问女主人：“有没有中文名字？”

“新安村。”她回答。

会长解释：“新安是一个靠海的地方。我们的总理也是新安人，他常到这家店来，吃一种很细的海草。”

我想起来了，在海鲜市场中看到过。一堆堆拳头般大的深绿褐色海草，像我们的发菜，就不知道怎么煮，今天有福享受了。

正菜还没有上桌之前，先来各式各种的泡菜。泡的白菜，颜色深红，鲜艳得很，一看就知道与众不同，一定好吃。

菜牌上有种写汉字“魟（魟）”的鱼，指名要一客。会长说：“你真会吃，这种鱼名贵得很，腌得好的一尾要七千多块港币。”

上桌，一片片像刺身的红色的鱼，就是“魟”了。吃进口，臭味刺鼻，辣味攻心。吃出来这种鱼是我们叫“魔鬼鱼”的，韩国人把它腌了，就产生了这种臭味，愈臭愈辣愈过瘾。

“魟鱼、老泡菜和咸猪肉一块吃，我们叫为‘三合’，从前是皇帝吃的。”会长解释。

最后是主角海草汤，只用生蚝、洋葱和蒜头熬出汤底，再加大量海草熬煮，鲜甜得不得了。这种菜在香港吃不到，绝对值得一试。

新安村

152, Naeja-Dong, Jongro-GU, Seoul　02-725-7744

魟 鱼

从餐厅回来，遇到韩国友人，问他关于魟鱼的事："真有那么贵吗？"

"一点也不假，"他说，"最贵的是母魟鱼，沙发垫那么大的一尾，可以卖一百万韩元。"

韩国钱以韩元为单位，一百万韩元就是七千多八千港元了。

"为什么能卖那么高的价钱？"我问。

"愈来愈少呀。"他说，"像你们那儿的黄鱼一样，野生的已快抓得绝种。好笑的是，母的贵，公的便宜，所以渔夫们一抓到，即刻把公鱼的生殖器割掉，拿到市场，可以骗人是母的。"

"用网抓的吗？"

"不，不，渔船在一个星期前放下二十条线，每条一百英尺长，挂四五十个鱼饵。线上有浮标，七天后来拉起。"

“你们的魟鱼和我们的魔鬼鱼看样子有点不同，丑得很，有两只眼睛和一个口，像一个面具，雄的生殖器很大。”

“它们最喜欢做爱的，”友人笑起来，“抓到一条母的，有时连着一只公的，死都不肯放手。”

“吃魟鱼的传统是怎么来的？”

“从前，有些贵族被皇帝放逐到小岛上，不准他们吃肉，每日三餐只可以吃白饭和泡菜。最后他们想出一个办法，偷偷地把魟鱼抓来，埋在木灰里面等它发酵，吃起就有点肉味，后来还成为皇帝贡品呢。”

不知道是谁说韩国没好东西吃，我每来一次，都发现新的食材和他们的烹调文化。这回试过了他们的魟鱼，虽然味道有点怪，但是照韩国人所说，吃了几次就上瘾，又给我打开了一个新的味觉世界。

清 溪 川

酒店的自助式早餐吃不吃得过，总要试过才知道。“君悦”的有水平，但总不比街边的东西地道。我们去了南大门吃焗猪脚，顺便买点水果。

商店中有很多土产卖，女士们会更喜欢些化妆品、首饰和衣服。服装做得并不老土，价钱便宜，一件貂皮短袄卖四十万韩元。

韩元好算，约是日元的十倍，四十万韩元就是四万日元；四万日元乘以七，是港币两千八百块。

散步到新世界百货公司，地窖食品部改装过，很高级，已不像从前那样充满 kimchi[130] 的大蒜味，各种食物应有尽有。

中午去韩国食家友人介绍的一家人参鸡店。这家店躲在小巷，绝对是一般游客找不到的。

鸡汤味浓，很稠，与香港吃到的不一样，非常特别。再来几种别的菜，喝地道的土炮 makkoli，酒醉饭饱。

得散散步帮助消化。仁寺洞很理想，两旁古董店、画廊、陶艺铺等等看不完，当然还有一间专卖《大长今》土产的。不喜欢购物的朋友可以走进任何一家小餐馆内，再喝一餐；对酒精敏感的，能在精致的咖啡店中喝人参茶和姜茶。

走了几步，肚子又饿，驱车去“河东馆”。这是一家数十年不变的牛肉汤店，特点在一大缸牛肉永远那么滚，且牛肉和汤原汁原味，一点调味品也不加。

桌子上摆一大碗葱和一大碗盐，随客自添。韩国人喜欢把泡菜的汁倒进去，捞牛肉来吃。

再到清溪川散步，这是一个最新的景点，由首尔市长创立：将注入汉江的河流搞得清澈，在两旁壁上绘画，又加喷水池，使这里成为情侣拍拖胜地。市民大为拥护。

河东馆

首尔中区明洞一街 10-4　+82-02-776-5656

江　南

视察市内酒店，最旺的明洞区发展空间狭，旅馆比较起其他区的，都显得小了。但是一出来就是繁华街，随时可以出来走走或购物，是它的特点。

听说从前的“朝鲜酒店”已翻新，就去看看。果然不错。房间宽大，光线十足，没有“君悦”那么幽暗。在这儿住下，倒是理想。

又试了几间餐厅，同行的友人已经说吃不消了。他们还没有把吃当成工作，每餐太饱，控制不了。

傍晚抵达江南，首尔旧区饱和后就发展到这里。江南有点像新宿，大厦林立，市面热闹得不得了，这数十年经济起飞，成为一个摩登卫星市。

江南永远是那么塞车，约了人得提早出发。有位当地的食家张小姐，人很瘦小，年轻漂亮，常上电视。她母亲开了一家新派馆子“Petit Season”[131]，推出吃法国和韩国的fusion[132]菜。经过张小姐设计，每一道菜都很袖珍、精致。像烤牛排骨，是把肉取出、剁碎、再包，骨头是装饰罢了。

与张小姐一面吃饭一面聊天，挖空她的脑袋，求首尔最好的餐厅。大致上，与我事前调查的相差不远。

从张小姐的餐厅走出来，去同一区的最高级牛肉专门店。这家餐厅墙上挂满政要和明星照片，多年前我拍《蔡澜叹世界》时介绍过，老板娘认得出我，亲切招呼。

先来一大块牛排，放在烤炉上，烧了一会儿，淋上轩尼诗白兰地，砰的一声，肉已熟，又软又香，一人一块，豪华至极。

再上个鲍鱼当调剂，后来一片用蜜糖泡制的牛骨，小菜、面或石锅饭，又有一大碗汤，不喜牛肉的有海鲜代替。这一顿，跟我去的朋友们都吃得哇哇声一片。

去过韩国的人，都说购物可以，观光也行，就是吃得不好。那就要看和什么人去了，而且得付出代价。当今韩国东西卖得并不便宜过日本。

还是去首尔

香港的确沉闷，非往外走不可。去哪里？想来想去，最后还是决定去首尔。

住的还是那家酒店，吃的还是那几间餐厅，不厌吗？我可以很明确地告诉你：不厌。

总有些新东西吧？有的，有的。一般的不说也罢，古怪一点的有拍照片。

什么？拍什么照片？当今数码相机、手机上拍照功能皆备，还有什么新花样呢？原来在江南区有家叫“2 Javenue”[133]的摄影工作室，专为客人拍“靓相”，有什么需要，都能做到。

比方说简简单单的一张证件照吧，也可以分身份证或护照用的、结婚证上用的等等，另外有个人生活照、职业形象照、毕业照等，更亲密的有情侣照、父女照，当然也有同志照。

要求穿韩服更是没有问题，那家公司有中文翻译为我们解答，其实当今韩国任何行业都有这种服务。哪里来的那么多懂得中国话的人？一、大学里的中文科很热门，培养出许多人才；二、中国有朝鲜族，来到韩国当外劳[134]，工资比在国内高得多，于是大把人才涌进韩国。

回到拍照，每一款约六百块港币，不必化完妆，就那么一个“猫样”走进去就是，反正都是后期工作，你的皮肤要多白有多白，眼睛要多大有多大，双眼皮、三眼皮都没有问题。

这家工作室的人都很专业，无论你怎么要求，他们都会把你的特征留下一点点，不然变来变去，变得不像样，就失去意思了。一直嫌自己护照上的照片不好看的人可以去试试，搭地铁二号线到梨大站，二号出口左转，步行三分钟就到。

其实这种服务东京也有的，只要你到银座找到资生堂的本店大厦，那边就有从化妆、梳头到服装整套的设备，拍起照片是不做后期加工的，也会令你满意，但是价钱就相差几倍到十几倍了。

在新罗酒店喝到的人参汁，是用新鲜人参磨出来的，加牛奶和蜂蜜，非常好喝，就想起买一些人参回去榨汁。又回到“中部市场”那家相熟的人参专门店去，店里已把我的照片贴在门口招徕，说带给了他们不少生意，坚持要送我一些人参。我拒绝，只要他们选好的卖给我就是。

总得“医肚”，一般市场附近一定有好餐厅，但“中部市场”卖的是干货，看到的那几档小食都引不起食欲。走呀走，走出市场，竟然给我找到了，吃东西的运气真是不错！

市场的尽头，就是五壮洞，而五壮洞是卖冷面最出名的，这里一共有三家老店，卖的都是“咸兴冷面”。

韩国老饕不承认韩国的东西比不上朝鲜的，但一说到冷面，都跷起拇指，说朝鲜的最好。一般的冷面指的是水冷面，一点也不辣。面上面有半个熟鸡蛋和两三片硬得要死的牛肉，面汤没什么味道，但会加一些碎冰在汤中。

第一次吃并不会那么欣赏，因为面是一百巴仙用马铃薯做的，无味，而且硬得很。吃呀吃，吃多了，就吃出分别来。有些冷面并不是想象中那么硬，比麦做的更有咬劲，适应了还是喜欢的。

冷面韩语叫为“naegmyeon”，要尽早入门，叫一碗拌冷面好了。拌饭叫“bibimbap”，拌冷面叫“bibim naegmyeon”，是用辣椒酱、麻油、芝麻酱来拌的，上面还铺了黄瓜丝、熟蛋和 kimchi，豪华版有腌制魔鬼鱼、生牛肉丝、梨丝等等，非常刺激，一吃上瘾。

五壮洞的三家冷面店分别是“兴南家”、“咸兴冷面家”和“新昌面屋”。我最喜欢的是“咸兴冷面家”，店的外表像快餐店，装修得新颖，但食物最佳。他们供应一杯茶，喝入口才知是用牛肉和鸡肉熬的汤，非常好味。

当今中国的河豚，野生的几乎绝迹。到了日本，很高级的店里才有野生的，大部分还是饲养的。韩国有很多很多野生河豚，去了不可不试。

最好的当然是釜山的“锦绣”，它在首尔也有分店，但已经结束营业。如果要吃的话，可到一家叫“三井”的店。这回我们去试了，质量上不逊日本的河豚店。

第一道当然有河豚皮、河豚熟肉丝下酒。接着是刺身，一大碟，然后有烤的、炸的、红烧的、吃火锅的。但是他们不像日本人那样最后把汤煮成粥，而是握成河豚饭团。喝的也有河豚鱼翅酒和河豚精子酿的白子酒。最可惜的是没有用辣酱凉拌的河豚，这一道才是韩国特色，只能在“锦绣”吃到。

韩国去得过多，可以考虑在那里买屋了，当然是旧区的江北最有特色，江南那些一座座的“三星”“乐天”等大集团建的鸽子笼般的公寓，免费送我也不要。

2 Javenue

首尔特别市西大门大岘洞 34–35 B1F　+8210–2540–7585

咸兴冷面家

首尔中区 Mareunnae 路 108　+822–2267–9500

三井

首尔江南区三成洞奉思哥路 626　+822–3447–3030

韩牛和酱油蟹

和内地的好友组织了一个很小型的旅行团去韩国。有人问:“又去韩国，不厌吗？”

“不厌，你听了我们怎么玩，就知不会厌。”我说。

飞去首尔，从香港只要三个小时，从北京、上海飞更快，一个小时左右就能抵达。

到达首尔时，我的徒弟——韩国人阿里峇峇，已经在出口迎接。这个人性格极为开朗，笑话一箩箩，有了他，旅途一定不会寂寞。他是间大旅行社的老板，但我一到韩国他就什么工作都放下，日夜陪伴。他说：“工作已是例行公事，有你到来才有机会偷闲。”

我们不放下行李，直奔市中心的旧区，那里有家卖牛肉的百年老店，叫“白松”，我最喜欢。韩国人觉得韩牛为最珍贵的食物，以前只有皇帝和士大夫们能享用，当今也不便宜。问韩国人最想吃什么，他们的答案都是牛肉。

幽静清雅的厢房外，挂着一副对联：“一庭花影春留月，满院松声夜听涛。”

韩国人以往都用汉字，几十年前为了方便进入计算机年代才废除，不像日本至今还保留着。

肉上桌，只有两款，其他配菜都是一大堆。第一道是清炖肉和筋，一大锅文火煮过夜，一点调味品也不加，旁边放盐巴和葱段让客人自添。原汁原味的大块肉，又软又香，大口啖之，再喝汤，过瘾之至。

第二道接着上，是加了酱汁和辣椒煮出来的，伴着红枣、松仁、栗子及雪梨，甜而不腻。浇上肉汁，更能吞三大碗白饭。

饱了，走出去抽根小雪茄，厢房门口有个大烟灰缸。当今韩国已全面禁烟，街上也不能抽，只在看到“可以丢弃烟头”标志的角落可以抽，大家也很守规矩。

门口停着辆流动小贩车，载满手工艺品，稻草编织的刷子、扫把、竹箩、藤篮子、“孙子的手”不求人搔背器等等。友人看到一个小巧的竹亭子，是给鸟儿居住的，即刻买了一个。

餐厅对面有条小巷子，是个小型的老街市，卖鱼和肉及各种蔬菜。当今三月天，蔬菜种类极多，韩国人习惯在春季吃大量的生菜。也有各种小摊子给年轻人吃辣粉条，但我们已饱腹，没有停下来。

“这种老街市，怎能生存？”我问阿里峇峇。

“方圆三百米内，政府规定不能开超市，也不允许有什么便利店。”他回答。

真是德政。

Check-in[135]酒店。到了首尔，除“新罗”之外不做他选。阿里峇峇说：“创办人是三星公司的第一代，他特别相信风水，选了这块福地。所以这里和其他酒店最大的分别是，晚上一定睡得安稳。”

他没那么说，我感觉不到；就算他说了，我也感觉不到，一笑。其他，像窗外望下的风景、房间的舒适度、工作人员的服务水平是一流的，毋庸置疑。

“到了这里，一定得去咖啡厅喝一杯别的地方没有的鲜榨人参汁，要加入蜜糖。”我说。

友人纷纷试了，都说很好喝。

翌日一早去酒店餐厅吃饭，这里的自助餐当然丰富，但我还是叫了韩国早餐，是一大盘的定食，什么地道的韩国菜都有，那碗白米饭更是很香，不逊日本的大米。

吃完后友人观光的观光，购物的购物。新罗酒店离新世界百货、明洞、东大门及南大门都不远，友人各适其适，各人满载而归。我个人喜欢逛一家叫“Noshi”[136]的，那里有家很有品位的茶馆，用的铜杯、铜碟无数。原来茶馆是示范，到了楼上，才是艺术家的工作室，里面更摆满大大小小的手工艺铜制品。我对韩国的这种传统饮食器具迷恋甚深，这是因为我数年前第一次在韩国吃饭时偶然把铜匙碰到了铜碗，发出“叮——”拖得长长的一声，好听又有禅味。从此不罢休，现在我的书桌上也放了一个铜碗和一支铜匙，写稿写得闷了，敲它一下，打破单调。

午饭去吃酱油蟹。这道菜，早期大家还没那么欣赏，后来流行起来，连香港的韩国餐厅也供应，螃蟹多数是从延坪岛空运过来的。在“大瓦屋”可以吃到最新鲜肥美的，当今这家已成为首尔的热门餐厅，我们遇到不少来自香港的旅客。

老板是一位文雅的儒士，喜欢穿传统韩服。我已是老客人了，当然订到了厢房，墙上还挂着我早年来到时的报道。酱油蟹上桌，饱满的肥膏黄得鲜艳，一看就诱人。因为生意好，老板不惜工本地挑选最肥美的螃蟹，又天天新鲜腌制，所以味道不会过咸。

每人一只，先将膏吸了，再吃肉，最后把白米饭放进带膏的蟹盖内，用匙羹搅拌，才一匙匙吃进口。这种传统的吃法，外国老饕都已经学会。

还有数不清的配菜，另叫了“三合”，是肥猪肉、腌魔鬼鱼和老泡菜一起夹着吃的。需要培养味觉，才能欣赏腌魔鬼鱼那股强烈的味道。

白松

首尔钟路区昌成洞 135-1　+82-2736-3564

Noshi

首尔钟路区通仁洞 118-9　+82-2736-6262

大瓦屋

首尔钟路区昭格洞 122-3　+82-2722-9624

在首尔逛市场

“你去首尔，住得最好，吃得最贵，当然去个不厌。我们消费不起的，怎么玩？”香港友人抱怨。

今天就要谈大家都吃得高兴，住得舒服，又不必花上几个钱的玩法。

第一，韩国的消费，一定比东京便宜。首尔交通发达，地铁各处可去到，就算乘的士，车价也和香港差不多。第二，酒店嫌贵的话，住民宿好了。上一篇文章谈过，首尔分江南和江北，而有味道的，是江北老区。民宿在哪里呢？都是在西村一带，那里最有韩国古风，那里的民宿是最具代表性的房屋。你不要在新派的江南区下榻，那是给整容的人住的。

西村还保留了很多老店铺，去那里的中华料理吃一碗炸酱面，那绝对是手拉的，味道还和以前山东移民去的时代一样。水饺的馅，也有海参丁的。

小山丘上，建筑物古朴，道路高高低低，是你印象中的韩国，连韩国电视剧也要跑到那里去取景。近年来观光的游客也逐渐多了，那是不可避免的。

我最喜欢去的牛肉店“白松”，也在附近。在这间百年老店你可以吃到最好的红烧牛肉。这家店也只卖两样，红烧牛肉和白煮牛肉。白煮牛肉用慢火熬过夜，什么调味品都不加，吃过包你上瘾。

从“白松”走出来，到了对面，就是我最爱逛的菜市场。不像大阪的“黑门”，没有大招牌，只是一条很长的街，那就是“通仁市场”了。

这里道路两旁一共有七十五家铺子，中间是有上盖的，下雨也不怕。我们逛市场，除了新鲜蔬菜和牛肉、猪肉之外，其他小食店卖的，都想试一试。尤其是那些千变万化的kimchi，有芝麻菜的，有小鱼小虾的，也有螃蟹的，想试的真是太多；但是一人一个肚，各种买一份大的，怎塞得下？

“通仁市场”是一个很人性化的市场，既然人性化，那么就给客人解决问题。中午时间你会看见路人手上拿着一个空的塑料饭盒，里面装的一串硬币是塑料做的。你想试什么食物，只要向小贩一指，他们就会向你拿几个硬币，然后把每样食物装一点给你。会计明朗，绝对不会算多你一块钱。

这些硬币在哪里买？路口有一家小食店，向他们买十个，也只是五千韩元，折合港币四十元左右。最受欢迎的当然是炒年糕，这里卖的有辣的、有不辣的，给一个硬币，那位老太婆就会装一些在你盒里。

卖年糕的有两三家，哪一间最好？找那位妆化得像脸上涂了一层厚油漆的老太太。你不会错过她的。风雨不改，她都站在那里叫卖。

除了年糕，还有像日本关东煮的鱼饼，另有细葱加蛋的煎饼、烤鱿鱼、章鱼小丸子等等，当然也有甜品、糕点、饮料及沙冰。买个无穷，食之不尽，饱得不能动弹，也要不了你几个钱。

市场中另有卖杂货的，喜欢吃韩国拉面，一定要用韩国铝锅来煮才好吃，一个锅才十几二十块港币，但容易烧烂，多买几个回去吧。

也有即买即磨的麻油，韩国麻油最香，不容错过。这里辣椒酱有些很高级，也不很辣，能吃出辣椒的香味来。有时在家煮食，烫熟了各种蔬菜，饭上浇上麻油，拌以高级辣椒酱，是顿很丰富的菜饭。

买了各种小食，边走边吃很有味道。想坐下来的话就到路口卖硬币的那家店去吧。硬币别用光，剩下几个拿去换汤换饭，坐下来慢慢吃。

逛“通仁市场”，是个难忘的经历。

也不必太吝啬，偶尔奢侈一点，就去“大瓦房”吃酱油螃蟹好了，包你满足。当今已有很多香港旅客会找上门，吃完了在附近散散步，有许多博物馆、传统韩服店，逛一个下午，也不必花多少钱。

但是逛市场还是比博物馆更好玩，那么去下一个“中部市场”好了。这里可以买到各种鱿鱼干、海苔、小鳗鱼、明太鱼[137]、明太鱼子等等。地方很大，有近十五万平方英尺，一千多家店铺；卖的东西比超市或购物中心便宜二至三成；清晨四点钟就开店了，一直做到下午三点多。

有市场一定有好吃的东西，睡不着不妨去那里吃早餐。那里还有一家人参专门店，请了香港的交换生当值，语言上没有问题。

提到早餐，也可以去一家吃牛尾汤的老店，叫“河东馆”，就在购物区的明洞，从一九三九年开业，已快到八十年了。只卖一大碗煮得浓似白雪的汤，什么调味料都不加，桌上一碗盐和一碗葱，任添任吃，花不了几个钱就能吃饱。

其他还有专卖海鲜的“鹭梁津水产市场”可逛。

一直忘记替女士们介绍，白天吃饭、逛市场，到了半夜，可去东大门，那里有家叫“Doota”的，整幢大厦都是女士服装，从便宜到贵，什么都有。另一家叫“a_pM”，也是二十四小时营业，可以走到你腿断为止。[138]

通仁市场

首尔钟路区紫霞门路 15 街

大瓦房

首尔钟路区昭格洞 122-3　+82-02-722-9024

中部市场

首尔中区乙支路 5 街 272-10　+82-2-2274-3809

鱼 市 场

从江南区折回首尔市内途中，经过了鱼市场。这儿的规模大得吓人，像东京的筑地，但小贩摊子多过它。

一望无际的海产摊，有各式各样的鱼。选了一尾，小贩即刻片给客人当刺身吃，有什么比这更新鲜的？

找金枪鱼的话就欠奉[139]了，toro只有在高级日本料理店中才能购入，我们何必在韩国吃这种贵货呢？不如买活鲍生吞。

十几个一箱的大鲍鱼只卖四五百块港币。成龙曾经买了一箱送我，肉非常软，是高质量的，大概是从这儿购入的。我们的旅行团，最后一天可来这儿买了当手信。

如果要找怪一点的，可买海鞘。这种像手榴弹的海产，鲜红色，有粒状表皮，剥了之后肉鲜甜。把海鞘的壳当酒杯，注入清酒，

喝起来有种很特别的甘甜味，试过才知好处。韩国人只把壳中的肉挖出，点了辣椒酱当刺身。

更怪的，是海肠了。这种一根根像大型蚯蚓的海产，特别肥大，切段生吃，味道鲜甜得不得了。如果够胆，就那么从水箱中抓一条放进口生嚼，也是极过瘾的事。

我写过一篇叫《八爪鱼刺身》的文章，里面说把八爪鱼斩成八块，吞进口，它的吸盘还会噬住喉。很多人不相信，到了这个鱼市场亦可以亲自尝试，证明我不是在吹牛。

市场里面也有卖腌鱼的，是用来做泡菜的，白菜瓣中一定要夹腌鱼才够鲜味。可当手信的有明太子，这种鱼卵在日本卖得很贵，韩国的虽价廉，但多是辣腌，要吃得辣才行。

我决定临走那天带团友们来鱼市场吃一大顿刺身再上机。除了刺身，当然有一锅海鲜汤暖胃。和餐厅商量好配搭，并设计食物先后的次序，便再上路，又要试食别的馆子去了。

螃 蟹 宴

鱼市场的附近，有家传统食肆叫“石坡廊”，建在山坡上，一间间的小屋组织成一个餐厅，巨树间隔，像出现在山水画中的青楼。

从前这也有妓生陪酒的，当今只剩下宫廷宴，豪华之极。数十道菜怎么吃也吃不完，价钱也贵得惊人。在没有发现更好的之前，暂时决定行程中也来这儿吃一顿。

找到了一家螃蟹专门店，门口水箱养满巨型的阿拉斯加蟹和龙虾。

在日本旅行时，永远不会失败的就是螃蟹宴了，韩国的又如何？亲自试过才知分别。

先将龙虾生屠吃刺身，头尾拿去蒸熟吃，后上多种传统的小品，与日本的风味完全不同。接下来便是阿拉斯加大蟹，脚有香蕉那么粗，充满肉，用手挖出一条，仰头吞进口，像在荷兰吃鲱鱼一样，过瘾得很。

一只蟹有两千克左右，两个人分来吃也觉得多。加上海鲜汤、铺上飞鱼子的石锅饭，更有数不清的泡菜小碟，谁说韩国东西不好吃呢？

再接再厉，去吃牛尾汤。这家百年老店汤一熬就熬过夜，香浓得很，又加上之前没有机会试的平民式龟背火锅等菜，亦觉丰盛。

又去另一家海鲜店，食物和鱼市场的差不多，但环境和气氛都差得甚远，放弃之。

晚上由老友李宁锡先生宴客，把韩国观光局局长也请了来，到“必敬斋”去吃。

五百年历史的传统房屋，被指定为“韩国传统建筑物第一号”。优美的庭院中，用巨大的松木生火，散发出古雅的香味。

食物再豪华不过了，比起“异宫”“石坡廊”更胜一筹。“必敬斋”本来是第一晚抵达后晚餐的最佳选择，但是韩国人也过农历新年，店不开门，怎么办才好？

旅游局长出面，什么都好办，我们已经有信心定下韩国美食团的行程。

首尔新味

刚从韩国回来，就想起那酱油螃蟹的红色肥膏。整个脑子是韩国佳肴时，又出发到首尔，证明韩国是一个去不厌的国家。

总不能吃来吃去都是那几家老店，虽然它们的水平是极度靠得住的，也得找一些新的。之前韩国老饕友人已经介绍了多间，我在报纸杂志上也阅读了一些诱人的报道，选择可真的不少，但时间有限，如何筛选？

很多食肆蠢蠢欲动，“米其林”还没有登陆首尔，韩国人已做好准备摘“星”。我事前做好资料搜集，锁定了四家，当然都是座位难订的，只有出动香港的“韩国观光公社”，请他们安排。

首尔旧称“汉城”[140]，有条汉江贯穿。老区集中在汉江北边，叫为“江北”；新发展在南边，叫为“江南”，对了，就是那个胖子跳骑马舞的江南。

新开的餐厅多集中在江南，我们第一间光顾的叫“Ryunique”[141]，这些新餐厅多数不能单点，全是套餐。套餐有它的好处，一方面师傅对食材容易控制；一方面他们做得纯熟，菜可以愈来愈精彩。其他原因是师傅的学问有限，所以菜式不多。

Ryunique的套餐叫“Hybrid Cuisine”[142]，是个新名词，电动和汽油混能的汽车就叫“Hybrid car”。

前菜名为“逗你开心”，一共有两道。第一道有片可以吃的纸，加上马铃薯蓉做的假核桃，连壳也可以吃；又有一只腌制过的生虾，配一支试管，里面装有粉红色的奶油酱。第二道有只蜻蜓，翼是可以吃的饼皮；另有香菇形的饼干等等。是好玩，又有趣，不是分子料理，尚可口。

主菜有鹅肝、海鳗、鹌鹑、鸭、鱼生等，当然也有大块一点的牛排。印象较深的是用做墨鱼干的方法把鸡肉制造成硬块，再用刨子刨成细片，这个做法Momofuku的David Chang[143]在圣塞巴斯蒂安的厨师大会中表演过。

主厨出来打招呼，年纪看起来不大，但他在日本、法国等地学习和当厨子，尽量吸收新技巧。他问我意见，我说套餐有配酒和配茶两种，后者喝不出主题的茶味，像果汁居多，他很细心地听了。

在江北一个老区中，有家叫“Bicena”[144]的，也被食客大赞特赞。坐了下来，想要韩国土炮酒“马可里”，不卖。啤酒呢？

也不卖。只有韩国清酒和法国红酒。食物呢？所谓新派也不十分新派，老派更谈不上。这类餐厅最多喝星巴克咖啡人士光顾，很流行，但吃不出所以然来。怎么创新我都能接受，但是一离开了好吃，就完蛋了。

比较标青的是一家叫“Mingles”的，开在江南区。虽说是混合菜、新派菜，但味道还是可以接受的，这最要紧。主厨在圣塞巴斯蒂安的 Martin Berasategui 学得一手好西餐，但是又在 Nobu 被教坏。Nobu 已愈来愈离开老本行，一味做外交大使，东西难吃。[145]

这家餐厅的套餐做得精细，但留不下印象。传统的面和饭稳阵[146]得很，除了套餐之外，多叫这两道才能吃得满足；甜品做得很出色。

有没有一家不失韩国风味，又新派得让天下食客惊叹的店呢？有，那还是得回到首尔最好的酒店 The Shilla[147]。里面的韩国餐厅“罗宴”，其菜品绝对是在香港试不到的，友人吃过之后，对韩国菜完全改观。

最初上桌的下酒菜，是把红枣切成丝烘干出来的，又脆又甜，口感一流。喝的酒有两种很特别的，第一种是调得像奶酪的“梨花酒”，好喝到极点；另一种像传统的“马可里”，装进一个古朴的陶壶里面。喝酒之前给你瑶柱及南瓜的粥吃，包着胃，才不伤身。

前菜有比目鱼刺身，上面用小钳子添上当季的野花，漂亮到极点，味道也够浓郁。接着有鳕鱼干熬出来的汤，上面有颗比日本人做得更出色的温泉蛋。再来是酱汁煮金线鱼。

三种韩牛上桌，有烤的，有煮的，有生吃的。煮的是把所有筋和纤维都切断，不必咬也能融化；生的牛肉更是我吃过最好的。接着有鳗鱼饭、杂菜饭。大酱汤做得一点也不咸，而且还喝出鲜味。最后还有冷面以及人参汤。

大厨走了出来，我们都拍掌叫好。看样子是一个五十多岁的中年人，非常谦虚，看得令人舒服。所有有本领的大厨，都不会摆出大师的架势的。“米其林”来评分的话，如果不给他“三星”，大家就不必再买这本指南了。

Ryunique

40, Gangnam-Daero 162-gil, Gangnam-gu　+82-02-546-9279

Bicena

2F, 267, Itaewon-ro, Yongsan-gu　+81-02-749-6795

Mingles

758, Seolleung-ro, Gangnam-gu　+82-02-515-7306

罗宴

249, Dongho-ro, Jung-gu　+82-2-2233-3131

光州菜市场

翌日一早，去逛光州的菜市场。

地方干干净净，分几条街，街两边摆满不同的食材。第一入目的又是屈非（黄鱼），卖的价钱比渔港贵一点。其他还有数不清的种类，发现有带鱼、石斑、池鱼等等。原来鲳鱼也是韩国人爱吃的，蛏子和蛳蚶也肥大。

八爪鱼也多，活的死的，积成一大堆。鮟鱇鱼也有人卖，剖开肚子，露出大片的肝。和日本人相同，肝是韩国人最喜爱的部分，可以做出一种又甜又辣的菜来。

石炭腌魔鬼鱼不是人人受得了的，光州人腌渍的气味没那么浓。韩国魔鬼鱼快被吃得绝种，卖得很贵，一尾大的一千到数千港元。一般人只有买外来货，看到冰得一大块、一百千克的、一只叠一只、可以辨别方块中魔鬼鱼的脸的，是从智利进口的。

蔬菜类中，有很多梗，芋梗、莲梗、番薯梗，外皮都被细心撕掉，剩下芯，用来白灼或清炒。海草、海带、海藻类也多。

当今红枣和栗子丰收，韩国产的和山东的一样，个子很大。

淮山、山芋，还有像人参似的大条根状植物，这些东西都用来做泡菜。摊子中五颜六色，有什么食材就腌制什么。到了冬天，只有这些可吃，用来炒蛋、煮汤、炒菜或就那么吃，不可一日无此君。

鸡摊子光有鸡，将鸡颈打了一个花结。第一次看到的是乌鸡，活的，全身漆黑，连喙也黑，像大型的乌鸦，当地人说最补身。

草药已不像中国药店分得一格格，而是摆满在地上。韩国人迷信草药，请店里代煲，有一排数十个的大型气压机，这种机器还卖到中国去。

观光局的郑小姐说，从前这里更大，当今大家都到超市去买，菜市场的规模缩小了许多。阿里峇峇也抱怨，说超市的东西，永远比不上传统的菜市场的。

屈　非

“黄鱼，韩语怎么说？”当我看到那一大排一大排的黄鱼档时问。

阿里峇峇回答：“Gulbee。”

“汉字呢？”

“屈非。”

我明白了，那是晒干的黄鱼。韩国人送礼物，最好的是牛肉，而比牛肉更高层次的，就是黄鱼干了。四十多年前，我第一次去汉城，就看到有人在卖黄鱼干。一个老头，身上缠着上百条的黄鱼干，一面走路一面叫卖，你要了他就从身上拔下一尾，是一个活动的小贩摊子。

我们吃黄鱼，当然吃新鲜的。韩国人不同，他们认为黄鱼干才美味。用炭一烤，撕下肉，送酒最为高级，只在妓生宴中出现。

名叫“屈非”，是因为只有黄鱼晒干了也不会卷曲起来。韩语和日语一样，把那个否定词放在后面，日语中像什么 nai 或什么 arimasen，[148]就是什么非了。而“非”字，照汉语读起来，应该是 fei，但韩语中，“f”发不出音来，只会读成“b”，就变成了 gulbee。

“可以拿到新鲜的吗？”阿里峇峇代我问当地鱼贩。他们又点头又摇头，表示当今新鲜的黄鱼愈来愈少，很难买得到，但是出高价，还是有的。

终于购入了数尾，跑到当地最好的餐厅“一番地”去，叫他们做。这一餐可是丰盛，单是小菜就三四十种。主角黄鱼上桌，先是煎的，已经用盐腌制过，但不失鲜味。再来就是烤黄鱼干，我觉得肉太硬，又一味死咸，还是留给韩国人去享受吧。黄鱼汤可相当美味，可以加上他们的面酱来煮豆腐。

另一种鱼是腌制的魔鬼鱼。韩国人把鱼放入炭灰中，让鱼发酵，产生一阵强烈的氨味，不是人人受得了的；但是和五花肉、老泡菜三样夹在一起吃，又是另一番滋味。这是修回来的味觉，英文叫“acquired taste”[149]。吃黄鱼干也是吧，有福气才行。

近江鳗鱼

已经饱得不能再饱，但为了考察光州美食，非得再来数餐不可。

先到一个小乡下去。吃过了靠海的黄鱼，这回要试近江的鳗鱼了。

怎么个吃法，桌子上有个烤炉，老板娘拿来两大尾鳗鱼，一边烤一尾。左边的是原味的，右边的看起来有点像日本人的蒲烧，但是涂着韩国特有的甜面酱和辣椒酱的。两尾鱼都事先蒸过，已半熟。

等待中，上永远吃不尽的小碟。也别以为都是泡菜，也有精致的酱螃蟹，用辣椒酱和酱油两种不同酱料生腌的，鲜甜得不得了。

鳗鱼可以吃了，先夹一片原味的，点上好的麻油和海盐，肉很厚，弹性十足，脂肪多，又肥又香，细嚼之下十分之甜。

辣椒酱腌过的那条，肉较软，但鳗鱼味没有被酱料盖过，非常精彩。很久没有试过野生鳗鱼的那种味道了。

“哪里抓来的？”问老板。

他往前面一指：“河里很多。”

“没有人去偷吗？”同行的摄影师忍不住问。

“我们生活在乡下的，这个怪主意，没人想过。”老板笑了。

吃海吃川，下来要吃山了。另一间卖的是竹筒饭，把糙米、红枣和栗子塞入大竹筒中，烤出来，即刻闻到竹味和米味。

另有竹筒酒，酒装于大竹子的两节之中。如何把酒填进去的？原来窍门在于标签后面钻了一个洞。

单吃竹筒饭很寡，来了一碟烤牛排骨，和吃过的形状不同。

“这菜叫什么名？”我问。

“孝心肋骨呀！”老板娘说。

原来是把大肋骨旁边的牛肉用利刀切开，令肉柔软，老人家不必用力咬也吃得下去。孝道，一向是韩国传统的美德。

光州定食

所谓的韩定食，就是他们的大餐了。

总之有数不清的配菜，再加上主菜数道，又有汤又有饭。客人没有得叫自己喜欢的，餐厅给什么吃什么，但一定有几种合你的胃口，你永远不会说吃不饱。而在首尔吃，老饕们看了会说："等你吃到光州定食吧，那才叫作'韩定食'。"

既来之，晚上非好好享受一下不可。车子经过农村，下车走进一个小花园，有家小屋，老板娘一副慈祥的面孔笑嘻嘻相迎。

等上菜时，先在庭院中一游。院中有数不清的酱缸并列摆着，取拿泡菜经过的小径，用石磨铺着。

当今石磨已少人用了，收集从前的石磨，把上面那块拆下来铺路，左一块，右一块，不但美观优雅，磨上的凿痕更能防止老人家跌倒。

花园中种满果树——柿子、枇杷、无花果。还有各种蔬菜、草药，

都能摘下新鲜上桌，计有紫苏叶、当归叶、芝麻叶等；南瓜叶则要烫熟后才能吃。

配菜有几道很特别。用卷心菜包着白菜泡渍的，韩语叫“boksam-kimchi”[150]。还有把牛肉剁碎，渗入蟹膏，再酿进蟹壳中浸酱油的，别处一定吃不到。

主菜上桌，有松茸、牛肉饼和黄鱼三吃，烤魔鬼鱼，发菜丝般的海藻和生蚝煮的汤，但不及那道最普通的面酱汤好喝——这里的，一试就知道豆酱有多香，而且一点也不咸，一般食客都懂得分别，老饕更能欣赏。

另一道烤鲜鱿，一见不觉如何，这种菜日本餐也常出现，整尾烤了切成一圈圈上桌；但是这里吃到的，以为是塞了糯米，原来全身是鱿鱼膏，不是这个季节不吃。

韩国菜没有什么甜品，要浓味的话，有锅烧南瓜，用蜜糖煮出；吃淡的，有肉桂和酒酿的红枣冰茶。

好一顿光州定食，试过永远不会忘记，谁说韩国菜不好吃又吃不饱？

全州拌饭

是时候离开光州了。我们先到离光州一个多小时车程的全州，再前往首尔，乘机返港。全州有什么？当然是全韩国最好吃的拌饭 bibimbap 了。另一理由是，当地有一个非看不可的民俗村。

我一听到“民俗村”这三个字，脑中即刻浮现一幕幕的电影、电视剧中的情景：想把历史重现，搭起了民俗村来，像是一个片场中的大布景，俗不可耐。

到了才知道，这个村，是住人的。街道和房屋充满生活气息，不同的是不见现代化的建筑，像走入时间隧道。

古时候的官邸和大户人家的宅院，当今改为文物博物馆和文化教室。有个韩纸的展览，摆着各种纸制的器具，一切都由韩纸制造。

另有一间摆设着韩国米酒“马可里”的酿制器具，展示着酿制过程。旁边设教室，由专家们进行讲解。

其他区室，改为民宿，客人可以在“历史”当中下榻。真想有空时，到那里去住几天。

下午到市内最著名的一家餐厅，吃全州的拌饭。有什么不同呢，同是一锅饭，一大堆蔬菜？先是材料，下了生牛肉，上面一颗蛋，热饭一拌，全熟。麻油和辣椒酱也是他处找不到的，调和得天衣无缝，其他什么作酱都不必加，不管你是喜欢浓或爱吃淡，总之吃进口就觉得味道刚好，真是神奇。

不吃拌饭的人可来一大碗鲍鱼粥。用生鲍片灼，再把鲍中的肠汁混入热粥中，粥的颜色变得碧绿，极为鲜美。

再来一客人参鸡。人参鸡到处都有，在釜山吃到的还塞了两只鲍鱼呢。这里填进鸡中的是大量的生蚝，再次证明肉类和海鲜的结合是完美的。

试过了全州和光州的美食，再说“韩国除了烧烤就没东西吃”这句话，就对不起韩国人了。

大　盈

“大盈”是我吃过的最佳海鲜馆，五指可数的之一。

好餐厅，不一定最贵。“大盈”的鱼虾，可说是便宜得令人发笑。原因是“大盈”所在地方遥远偏僻，位于韩国盛产海鲜的济州岛上。

政府不许济州岛有重工业，那里环境保护得好，海水并未受到污染，又控制渔获，海产丰收，是韩国全国海鲜价钱最合理的地方。

韩国受日本统治数十年，因人民发奋图强，至今已有多项工业，像科技、电器和汽车产业已能与日本并驾。而且足球方面，也胜过日本，令自卑感很重的韩国人一下子恢复信心。尤其是娱乐事业，韩流明星迷倒无数日本男女，可以说已扬眉吐气。

一切事物，都在尽量摆脱日本阴影，但是轮到吃海鲜，韩国人还在招牌上挂着“日式”二字。

“大盈”也属于日式。所谓的日式，只剩下鱼类的切功，其他的，有韩国人自己的一套。我第一次去吃，见桌上还是摆了金渍等韩国泡菜和小食。坐下来之后，服务员先奉上一碗用各种海鲜煲的粥。韩国人最注重这个仪式，喝酒之前，以粥暖胃，又据说可涂胃壁，免酒伤之。

第一道的鱼生，就保留了日式，一片片片出来。用的是黑鲷，就是我们的鱲鱼，但是属于深海的。不同的是不止点酱油和山葵，还有很清纯的麻油和很浓厚的辣椒酱。

潮州人吃鱼生也点麻油，配合得极佳，我是吃得惯的。这道鱼生进口细嚼，咦，怎么那么甜美？！那么柔软？！一般来说，浅水的鱼体内有虫，绝不生吃；深水的鱼出水即死，肉较硬。搞不清楚原因，跑去问“大盈”的老板韩长铉。

“哦，那是用鱼枪打的。”

“又有什么不同？”

“钓的和用网抓到的鱼，经一番挣扎，都肌肉僵硬。而用鱼枪一射，枪穿过脊椎，鱼即死，肉就和游泳时一样放松。而且，这种杀法是最仁慈的。”韩老板解释。

接着上的，是在长碟之上摆着的两堆小肉。一试之下，一堆肥美，一堆爽脆。

“那是鱼的裙边的肉，用匙羹刮出来，日本人嫌难看，不肯用这种吃法。另一种是鱼肠，日本人怕不干净不敢吃。济州岛海里的鱼，除了胆，任何一部分都好吃。”

侍者把三种烤鱼拿来，分别有鲭鱼、带鱼和黄花鱼。

鲭鱼多油，异常肥美。济州岛以产带鱼著名。那里的带鱼可以生吃，但略略一烤，半生熟的，有种另类的甜味。那尾黄花鱼是野生的，当今在国内，野生黄花被吃到绝种，要卖到千多两千一条。好久未尝不是养殖的黄花，它有独特的香味和甜味，不是在其他鱼身上吃得到的。

三大只鲍鱼上桌，刺身、蒸的和烤的。一看到生吃的，友人即皱眉头，印象中，生鲍鱼肉很硬。一试之下，才发现只要轻轻细嚼，甜汁即渗了出来。尤其是鲍鱼的肠和肝，带点苦味，但口感和甘香是很诱人的。

蒸的和烤的鲍鱼同样软熟，蘸不同的酱汁，变化更多。

又上了一个大碟，盛着的竟然是一撮撮的菇类，那些菇被用炭火略微烤个半生熟。

“都是我们店里的人在山上采集的。海鲜吃多了，味就寡，一定得用蔬菜来调和调和。日本人不懂得这个道理，寿司店里从头到尾都是生的。”韩老板说。

菇很甜，其中也有松茸。韩国盛产松茸，卖到日本去。香味还是不及日本的，但以量取胜，绝不手软。一大堆松茸，怎么也吃不完。

接着又上刺身，这回不来鱼，来点海参。海参生吃很硬，要有牙力才行。海肠就很脆，中国南部沿海也有这种海产，叫为“沙虫”，但较细小。韩国产的有黄瓜般粗，像一条大蚯蚓，友人初次看到，觉得恐怖极了，吃完之后才大赞鲜甜。

一只只的生蚝，从厚如岩石的壳中挖出。养殖的生蚝壳薄，这一看就知道这是天然的。洋人吃生蚝，多滴些“TABASCO”[151]辣椒汁；韩国吃法是放几片大蒜，和生蚝一块用辣泡菜包裹，辣泡菜带点酸，不必挤柠檬汁，与洋人吃法异曲同工。

刺身都是冷吃，这时应该有热汤上桌。想至此，果然出现了海藻汤。这是一种韩国独有的海藻，细如头发，呈鲜绿色，用小蚝和细蚬熬了，非常鲜美。这种海藻矜贵难找，韩国年轻人也许都未尝过。

我们酒不断地喝。日本人吃鱼生只喝清酒一味；韩国海鲜餐也可配日本清酒，他们叫为“正宗”，因早年由日本进口的酒，都是“菊正宗”牌的。喝完之后又改喝土炮“马可里”，它带甜，很易下喉。

看到邻桌正在吃一种叫“海蛸”的刺身。“海蛸”有硬壳，像一枚手榴弹，在韩国产量最大，时常看到路边小贩叫卖。剥开壳，露出粉红的肉来，有强烈的味道，一闻之下多数人都不敢吃，但尝了喜欢的话，即上瘾。

我叫韩老板去厨房把“海蛸”壳拿来。

“干什么？”他问。

“拿来就知。”

我把清酒倒入壳中，叫韩老板试试。他喝了一口，问道：“怎么那么甘？这是中国人的喝法？”

“不。”我说，“是日本朋友教的。”

韩老板叹了一口气：“有时，还是要向他们学习。下次有客人来，我就用这方法招呼。”

“凡是好的菜，互相借来用，不应该分国籍。把难吃的淘汰掉，就叫‘饮食文化’。”我说。

“你讲得有道理，你是我的阿哥。”韩老板拥抱着我，叫侍者拍下一张照片。这张照片至今还挂在壁上，你下一次去可以看到。

大盈

498-1, DONGHONGDONG DONG, SEOGUPOSI, JEJU

82-064-763-4325

釜山味道

釜山的好餐厅多不胜数，但是我来来去去还是光顾那几家，一年来一次，当然也不会吃厌。新的餐厅一有机会便去试，像我常去的人参鸡店，一大只鲍鱼塞在鸡内炖出来，印象极深。但这家不知怎么，关了门，阿里峇峇就把我们带去一间新开的人参鸡店，说是近来最旺的。

欣然前往，那里生意滔滔，味道也不错，只是鲍鱼个头小，而且只有一只，嫌不足。既来之则安之，吃过之后列入黑名单，下回不再光顾。

还是老店有把握，我们去了“绿色乡村”。这是一家在郊外的店铺，这回重游，才知道所谓的乡村，已经发展成一个小镇，食肆也因生意好而装修了又装修，成为一座在山坡上颇有规模的餐厅。

坐进小屋，食物上桌。这里是吃南瓜的，什么菜都塞进柚子般大的南瓜中，再放进火炉去焗。上桌一看，南瓜已被切开成数瓣，皮黑色，肉金黄，里面的鸭肉切成一片片，是粉红色的。香气扑鼻，已迫不及待地夹一大块南瓜来吃，实在甜得似蜜，没有吃过的人不会想象得到南瓜能这么甜的。再夹一片鸭肉，也柔软香甜。大家都赞好，吃个不停。我劝说慢慢来，还有其他菜式。接着一盘来了又一盘，已经记不起有什么，总之都非常可口。到了最后，我举起 iPhone 来拍一张照片，三张方桌连起来的一大长桌，至少有两百个碗和碟，才知道为什么要用狼藉来形容。

吃饱，走到厨房参观，大得不得了，烧的是柴火，现代烹调器具一概不用。土墙上还挂着许多竹箩和木造的饼印模具，地上由半边的石磨铺路，古色古香。此行喝了很多土炮“马可里”，发现这里的最美味。用一个大陶钵装着，木勺子舀起倒入小碗中，大口干之，豪气十足。

吃不厌的老店还有“东莱奶奶葱饼”，已经是第四代的传承了。当今的老板娘笑脸相迎，我上次来和她拍过旅游节目，她还记得。

东莱这地方的葱自古以来是进贡的食材，我们去的时候正碰上葱最肥美的季节。大家都走到开放式的厨房去拍摄制作过程：先将一大把葱放在圆形的扁平大铜锅上，然后将红蛤、虾、生蚝混入，再淋上蛋浆和海鲜熬出来的面糊，上盖，掀开，翻它一番，即成。

好吃的一碟又一碟。我们爱吃葱，干脆叫一大堆来蘸面酱生吃。接着有东莱虾海螺、凉拌鳐鱼丝、泥鳅汤和石锅拌饭，另有数不清的 kimchi。饭后又是杯盘狼藉。

回酒店睡了一大觉后，有些人去百货公司购物，我则最喜欢逛超市。韩国最大的超市叫 emart[152]，各地都有它的分店，但要找当地最大的一间，货品才齐全。

买些什么？有什么值得带回香港的？紫菜是最受欢迎的，一大包一大包的，里面分小包，售价极为便宜。可以即食的有 Peacock[153] 公司生产的最值得推荐，每包五片，一共十六包。

韩国麻油也香，任何牌子都有信用。至于水果要看季节，什么时候都有的是一种柿子干，和日本的不同，不是整个晒的，而是切成一块块三角形的，非常美味。

我还喜欢买他们的芝麻叶罐头，扁扁平平的易拉装，里面用酱油或辣椒浸泡着芝麻叶。打开来取出一叶，包着饭吃，就不必其他餸[154]菜了。

另外，各种干海产货磨出来的粉，像虾米等，韩国人用来做泡菜，我则买来撒在汤中，吃方便面时添上一二茶匙，味道奇佳。

午餐肉文化在韩国大行其道，以当时美军留下的 spam[155] 为主，为部队火锅的主要食材。韩国经济起飞后，自己生产的黑毛猪午餐肉非常好吃，不相信的话，你买一罐来试试就知道我说得没错，也是由 Peacock 公司生产的。

再转到海产市场逛一逛。釜山的全国最大，这里的海产让人目不暇接，引起游客兴趣的是像手榴弹的海鞘，从前是小贩推着车子来卖的，当今要到市场才看得见。怎么吃？切半后取出肉来，颜色和样子都像赤贝，味道古怪，要习惯了才吃得出滋味。取出肉后的壳用来当酒杯，倒入韩国清酒，会发出甜味。如果你想试试，去市场附近食肆，叫他们劏一两个给你就行，也可以炒些很甜美的无骨盲鳗。

最后去吃河豚大餐，这家叫“锦绣”的餐厅已经发展得很有规模，附近的屋和停车场土地都给他们买下。这餐河豚包括了刺身、煎、炸、煮、烤，吃法应有尽有，可称得上“豚尽”。另有用日本吃不到的辣酱凉拌的，又鲜又刺激，细嚼之下，感受到野生河豚鲜美的甜汁。这一吃，就上瘾了，在其他地方绝对吃不到。

走了出来，看到餐厅二楼窗口挂着我的一大幅人像。友人说你很给他们面子，我说是他们给我面子才是。

绿色乡村

釜山广域市机张郡机张邑次星路 451 号街 28　+82-51-722-1377

http://www.hurgsiru.co.kr

东莱奶奶葱饼

釜山广域市东莱区明伦洞 94 番路 43-10　+82-51-552-0791

http://www.dongnaepajeon.co.kr

锦绣

釜山市海云台区中 1 洞 1394-65　+82-51-742-7749

地道早餐

从前，最地道的韩国早餐有两种：雪浓汤和解肠汁。

前者煮了牛骨、牛肉及萝卜和豆腐，一熬就几个小时，熬到汤变成白色，像雪，又香浓，故称之。

后者专治宿醉。酒一喝多，翌日头胀如斗，内脏像粘在一起。解肠汁用牛肚、牛肠熬出，和熬雪浓汤同样长时间，又加面豉，又加辣椒，喝了舒服，又刺激胃口，食物可咽下喉，像把肠解开了，故称之。

当今的韩国早餐，已没人花那么多功夫去做。看到老妈子推车或背一包包的牛奶、奶酪和三明治兜售，上班的女士匆忙扔下钱，拿了一块，边啃边走。

把小卡车改装了的食档，里面照样卖面包，但可煎可烤，下很多糖，上班一族需要能量嘛。另有咖啡或茶卖。

到底干的东西吃得不够过瘾，小贩在车子的中间弄一个炉，上面煮一锅汤，汤中滚一串串的牛肚。客人可以买一串，淋上辣椒酱，配面包吃。有纸杯供应，要喝汤的话，用大汤匙子将汤从锅中舀出，装入纸杯中。

如果这一些都引不了你的兴趣，便可在街头巷尾中找到二十四小时营业的快餐店，卖的当然是模仿麦当劳的汉堡、炒蛋之类的。

但是，快餐店中加了韩国食物，可叫拉面套餐。像香港的茶餐厅一样，用的是方便面，但并非“出前一丁”[156]，而是“辛”字牌的辣汤面，分量极大。另有一小碗白饭，少不了的泡菜和两小碟海苔、鱿鱼之类的小食。

不然可叫不辣的海鲜汤或辣的面酱汤，后者煲泡菜、豆腐、小块肉和好几粒大蚬，也有白饭和配菜附送。

要喝普洱可难如登天，韩国人近年来才学会喝绿茶，旧时只把饭焦煮水当茶喝。人参茶和姜茶倒是到处都卖的。

但说什么，都好过在酒店吃早餐。

机场手信

踏上归途。韩国的国际机场从前在金浦，离首尔市区很近。当今那里只是国内航班使用，国际的搬到较远的仁川，离首尔约一小时车程。

仁川国际机场建筑不大不小，刚好够用；登机柜台也简单明了。

入闸后还有一点时间，到礼品店去。最多人买的都是一些人参产品，铁匣的红参，浸蜜糖的红参片，红参丸，红参软糖、硬糖，红参果冻，红参羊羹，等等，数之不尽。

上回看到有辣椒朱古力，是韩国人才想得出的玩意儿。买了几盒送小朋友，大受欢迎。这次看到有泡菜朱古力，也买来试试。

肉桂在当地流行，有种饭后甜品，是酒酿加肉桂煮出来，加冰吃的。我很喜欢这种味道，一直找肉桂产品，但不多，只看到肉桂味的硬糖，也买了。“李斯德林”出了一种薄片的薄荷糖，有各种味道，只在韩国找到肉桂味的。

团友们的手信已寄了舱，多数购买的是草莓，又甜又大。韩国人也把这种夏天的水果放在温室中冬天生产。

活鲍鱼很多人买，手掌般大，养殖的一只一百块港币，野生的要卖三四百，也便宜。“国泰假期”的同事家碧买的新鲜带子，是用草绳穿成一串串的，每串十二只，七十多块港币；泡沫塑料盒包装，当行李寄，不必手提。

机场餐厅选择极多，在三十一号闸口旁边有间韩国食肆，牛尾汤、烤牛排骨、牛杂辣汤、石锅饭等等，应有尽有。另一边卖的是面类，我要了一碗炸酱面。

炸酱面和拉面一样，本是中国东西，传到外国，已变成他们的味道。但是中国本土的炸酱面也经“改良”，反而不及华侨在异乡做的那么传统，那么原汁原味。

上机即睡，空姐见我不吃东西，会心微笑。

土　炮

到各地旅行，最爱喝的是当地的土炮，这类酒最原汁原味，与食物配合得最佳。

在韩国，非喝他们的“马可里”不可。那是一种稠酒般的饮料，酒糟味很重，不停地发酵，愈发酵愈酸，酒精的含量也愈多。

当年韩国贫穷，不许国民每天吃白饭，一定要混上些小麦或高粱等杂粮。“马可里”也不用纯米酿，颜色像咖啡加了奶，很恐怖，但也非常可口，和烤肉一块吃喝，天衣无缝。

后来在日本的韩国街中，喝到纯白米酿的“马可里”，才知道它无比地香醇。买了一点八千克的一大瓶回家，坐在电车上，摇摇晃晃的，还在发酵的酒中气泡膨胀了，忽然“啪”的一声，瓶塞飞出，酒洒了整车，记忆犹新。

当今这种土炮已变成了时尚，韩国各餐厅都出售，可惜的是下了防腐剂，停止发酵，就没那么好喝了。去乡下，还可以喝到刚酿好的，酸酸甜甜，很容易入喉，一下子就醉。

意大利土炮叫“Grappa”[157]，我翻译成“果乐葩”，用葡萄皮和枝酿制，蒸馏了又蒸馏，酒精度数高。本来是用作饭后酒的，但若餐前灌它一两杯，那顿饭一定吃得兴高采烈而且胃口大开，这才明白意大利人为什么把那一大碟意粉当为前菜。

前南斯拉夫人的土炮叫“Slivovitz”[158]，用杏子做的，也是提炼又提炼，致命地强烈。他们不是一杯杯算，而是一英尺一英尺算——用小玻璃瓶装着，排成一英尺。前南斯拉夫的食物粗糙，喝到半英尺，什么难吃的都能吞下。

土耳其的Raki[159]和希腊的Ouzo[160]，都是强烈的茴香味浓烈酒，和法国乡下人喝的Ricard[161]以及Pernod[162]都属同一派的，只有这种土炮不与食物配合，被当成消化剂喝。它沟了水之后颜色像滴露，喝了味道也像消毒水。

天下最厉害的土炮，应该是法国的Absente[163]，颜色碧绿得有点像毒药，喝了会产生幻觉，凡·高名画《星月夜》就是那么画出来的。当今也有得出售，可惜已不迷幻了。

吃 不 饱

“你们这次在韩国吃了什么？”返港后小朋友问。

“在济州岛一家很地道的餐厅吃了一餐，像是妈妈做的。”我回答，“先上一大堆泡菜，腌了很久的和前一天才泡的，两种不同；白菜的，卷心菜的，萝卜的，青瓜的，一共十多种。”

“这些在香港的韩国餐厅也能吃到。”

“还有生酱螃蟹，香港也许有，但酱不出那种味道来。还有一种韩国独有的蔬菜，叫‘托拉基’，像小棵的人参，很爽脆。另一种一丛丛的东西，是新鲜的海草，非常弹牙[164]，也是外地吃不到的。”

“接着呢？”

“接着上炸虾、小公鱼和每人一大块的带鱼，带鱼肥得要命，肚子里都是鱼油。”

“不喜欢吃海鲜的呢？”

“一大盘的卤猪肉，厚厚地切成一片片的，有肥有瘦，怎么吃也吃不完。韩国卤猪肉的吃法是和海鲜放在一起，拿灼了一灼的白菜芯来包，点面酱、辣椒酱和虾酱一块吃，海鲜和肉类配合得很好。”

“东西还不少。”

“这只是一部分，另外有一大锅鲭鱼炖萝卜，大量的辣椒酱，萝卜煮得入味，剩下的汤汁用来蘸饭，可吃三大碗。最后上海带、海芋和面酱熬鱼骨的汤，上桌前加刚刚剥出来的小蚝、小蚬，非常鲜甜。”

“哇，那么多菜！”

“都说吃滞了，这是大家要求最轻的一餐。前几顿的至少多两三倍。那餐鲍鱼宴，又刺身，又煎，又煮，又烧，又炖，每一个人吃上十二个大鲍鱼。牛肉那顿有各个部位的薄烧，加上怎么吃也吃不完的牛肋骨肉，足足有四五百克……”

“够了够了，别讲下去，口水快流出来。”小朋友说。

我笑笑：“真的弄不懂，为什么还有人说韩国没东西吃，又吃不饱。”

第二章

『嗨』不厌的探游

灵　光

我的韩国好友阿里峇峇和他的助手在仁川与我们汇合，一起乘车到金浦，乘搭一个小时的韩国国内航班到光州。

阿里峇峇一直叫我为师父，是被我对韩国饮食的知识渊博所感动。我没正式收过他做徒弟，但是因他对我的忠心和热诚，也默认了。他为人极风趣，口若悬河。有他在，此行就热闹了起来。有阿里峇峇做伴，光州一下子抵达。

光州旅游局的安主任和中国部主管郑敬花小姐来迎，后者在北京和青岛念过书，一口京片子，人也长得高大端庄。

马不停蹄，在当地最好的酒店放下行李后，我们即刻赶到一个叫“灵光”的地方。

前往灵光的这条公路上，有数十里[165]，隔十几英尺就种一棵紫薇树，并列着像一条火龙。紫薇花开百日，可长至十几尺高，远看似一团团的紫云，近观为一颗圆形的花蕾开出六朵小花，极奇特。韩国人肯花那么多钱装饰一条路，实在不容易，如果各位有机会一游，是值得留意的。

看到一块巨石，雕刻着“百济佛教最初渡来地”几个大的汉字。

韩国朝代分百济、高句丽和朝鲜，佛教传来时是公元三百八十四年。寺庙叫“法祭浦”，来自“阿无浦”，是阿弥陀佛的意思。

圣地极为庄严，占地甚广，有一座雕着四个佛像的大型地标；巨木参天，树身藏有高科技喇叭，不停地以宁静的语调朗诵经文。

到小卖店去，想找韩国和尚袋，但没有得卖。阿里峇峇找到一支小木匙，付了钱。他说我们是第一个客人，总要买点东西。这个优良传统中国人也有，看了颇为赞赏。

这里除了佛教建筑，还有基督教徒殉教地。韩国天主教、新教皆盛，这是个集各派宗教为一地之所，地名称为“灵光”，感觉上的确有些灵气。

但此行主要目的是吃黄鱼。野生黄鱼在我国江南一带已被人吃得快要绝种，韩国还有，灵光附近的岸口叫“高敞”，就是一个将所有黄鱼收集，再出口到我国的海鲜市场。

会动的山水

光州市中心，分新区和旧区。在一个幽静的角落，找到一家叫“茶啖”的茶馆，装修得清雅，喝的是红枣茶、五味子茶和人参茶，送的甜品做成樱花形、心形，精致得不得了，味道亦佳。

夹糕点用的是一双木头削出来的筷子和筷子架，保持树枝的原貌。另有一个小木钩，怎么看也看不出作为何用。原来钩子另一头有个小筛子，是隔茶的，而钩子可以靠在茶杯边缘。

韩国糕点，种类千变万化，样子有些像上海人或潮州人做的，但形状、颜色不同，沙琪玛式的也多，都是不粘牙、不太硬、适合老人吃的。韩国人一向有敬老的美德，父母到了五十、六十、七十大寿，送的糕点篮愈来愈大。

我们认为问人家年龄不是太有礼貌，但韩国人口无遮拦，原来是如果你比他们大，他们就要称呼你“阿哥、阿姐”了。

当然，一群人之中，最受尊敬的是我。

下午，到市政厅，他们要颁一个什么奖给我。却之不恭，我硬着头皮去领，顺便看厅中的展览。

光州既有一个“光”字，当然要往这方面发展。它是韩国全国 LED 产品最先进、最发达的地区，所制电视屏幕，要多薄有多薄。

其中印象最深的，是位大学教授发明的八张画屏风，一看以为是普通山水，但忽然水面上的鱼游了起来，鸟儿、蝴蝶飞舞，猫儿扑之。

最飘逸的是落款，每一个字都飞起，分开了又集合，是首会动的诗。

有人说那年上海世博会的《清明上河图》也会动，但到底意境不同，层次各异。

不熟知的韩国

乘大韩航空航班，读机内杂志，最有兴趣的还是翻阅地图。每一个国家的航线图，机内杂志最为详尽，看了才知道自己的渺小，还有那么多地方没去过，世界这么大，三辈子也走不完。

外国人熟悉的，是首尔、釜山及济州岛，充其量也到过雪岳山滑雪罢了。其实韩国东、西岸的靠海渔港，中部的山岳和森林，都是美不胜收的地方。

我年轻时，有幸从日本小仓坐船，在釜山登陆，然后坐火车，一站站停下，一路旅行到汉城。记忆中，我到过两座接连的高山，山中间架着桥梁，桥上有间小庙，深谷波涛汹涌，声声打来，一下子就让人昏昏入睡。

醒来，与老僧对弈，四五岁的小沙弥奉茶，那种禅味，至今不忘。

这回重游釜山，见弟子阿里峇峇，问道：“上次叫你调查的韩国海边和中部旅行，你安排好了没有？”

“师父关照的我哪敢不听！”他回答，“我还亲自走了一趟。”

“结果呢？”

“吃的没有问题，真是丰富。但是酒店的条件不够好，新开的一家，路途遥远，怕您太累。”

“不要紧，等我有空，去探路。”

阿里峇峇拍手称好。说到吃，那些乡下地方，就算最普通的“韩定食”，搬出来也是一张小圆桌，摆着的食物至少有四五十道，在大城市是绝对尝不到的。

韩国料理中，最出色的是“蒸牛肋骨”。海边地方的，在蒸牛肋骨中加了八爪鱼，味道更错综复杂。宁波菜中也有用墨鱼来红烧猪肉的菜，称为“剥皮大烤”，海鲜和肉类的配合是完美的。这道韩国菜，没试过，听了已知道一定好吃。

下回探完路，再带大家去吧。

已非汉城

久违的汉城，终于重访，已改名为“首尔”了。

这次是来探路的，准备过年带团友们来吃吃喝喝。

“什么？”有人说，“韩国吃来吃去都是烤肉，有什么值得去的？”

错错错。如果和我去的话，印象便会改变。自从数十年前第一次踏入韩国，我就爱上了这个国家，之后去过不止一百次。有些是公干，玩的居多，对她的食物有点认识。

“国泰”的直飞机早上十点四十五分出发，三个小时后抵达首尔。首尔的国际机场改建在仁川，还要乘一个钟头的车才到市内。

这次来住三个晚上，要换三间酒店，比较一下，选最好的。

“君悦”处于南山山上，大得不得了，有适合聚会的各种餐厅。房间宽大，床也大，只是浴室较小。翌日，发现房间里没备有牙刷和剃须刀，前者自己带了，后者忘记，弄得那天满脸胡髭。后来那几天入住的几家，都没有这两种东西，韩国人的习惯和日本人不同。

手机能漫游全世界，除了日本和韩国，可真麻烦。离港之前租了一个手机，不必像日本那样将号码驳[166]来驳去，到了首尔后只要取出香港的SIM卡插入，即可用之。

放下行李即刻往外跑，去了一个叫“三清洞”的地方。首尔地名都叫什么什么洞，等于东京的银座、涩谷、新宿等。

三清洞从前是军事要地，闲人免进，当今已开发，成为一条很有品味的街道。道路两旁画廊林立，并有各种商店和咖啡室，环境幽美，被韩国人称为“风流之地”，是散步的最佳选择。

爬上山，有个“三清宫”。古老的庭园，建筑物装修成一个餐厅，叫为“异宫”，有皇帝餐供应，售价奇高。在韩国要找从前那种妓生来陪酒已不可能，没有人再做这种行业。没有妓生，东西不好吃可过不了关。这儿的，是游客水平，不会带你去。

新世界百货

四十多年前到汉城，最大的百货店是明洞的“新世界”，规模当然不及东京的，但售货员个个如花似玉。

谁说韩国女子都是整容的？当年民生穷困，哪有钱去动手术？我见过的美女，都可以说是真材实料。

汉城的“新世界”虽然装修了又装修，增阔了又增阔，但是比不上对手“乐天”。“新世界”属三星集团，财力雄厚。当今，他们在釜山新开了一家，一共十四层楼。为了证实是全世界最大的百货店，他们请“吉尼斯世界纪录”来量度，登上了榜首。

除了男女服装、全层的食物之外，“新世界”还能放些什么进去？首先，有几家大电影院、一个溜冰场，以及从十一楼到十四楼的高尔夫球练习场。这个练习场九十米长，一共有六十个厢供顾客打球。

九楼有一个广场，地上铺草建成公园，强调绿化和休闲，种满了树。五楼的书店也巨大无比，文具部中更是应有尽有。

文化厅的大舞台让大家欣赏音乐会、歌剧和舞蹈，不懂文化的可以去玩电子游戏机，有日本输入的和本地创作的电动玩意。

处处都摆着大型沙发，让老人歇脚。电脑房更是一找就到，有一个地方专给客人充手机的电。

新世界学院有很多个教室，最大的一间是厨房，摆满所有厨具。另有教音乐的，教插花和茶道的。

我们最感兴趣的是饮食，这里的地下全层什么都有。另一层是七八家传统的韩国餐厅，加上其他国家的食肆。星巴克、麦当劳等当然少不了。

“乐天”一看，在釜山的另一处又要建一间一百多层的，比“新世界”大。

但是“乐天”永远比不上的是，“新世界”在挖地盘时发掘了温泉源头，有一架电梯专门送客人去浸。韩国擦背和按摩是一大享受，女人买起东西来至少数小时，这一来，男人也不必苦苦地等待女性购物了。

快　活

晚上去吃大螃蟹和龙虾，走出餐厅时，见雪像一朵朵棉花般地飘落，倪匡兄大喜："旧金山天气有时很冷，但没有冷到会下雪，我已经十三年没看过雪了，想不到韩国十二月初就下。"

"这是韩国今年的第一场雪。"我说。

"你怎么知道？"他问。

我懒洋洋地道："出来之前看电视中说的。"

"看到第一场雪，运气好！"

"真的吗？"查太问。

"真的。"倪匡兄博学，扮什么都有说服力，这次轮到以玄学家身份发言。

雪愈下愈大，第二天早上从窗口望下，首尔已经变成白色，美丽到极点。

吃完早餐带倪匡兄、嫂去东大门市场走走，看到一大盘的卤猪手，馋得流涎。再散步去新世界百货公司，看得兴起；又到乐天百货的地下食物部，更有大包卖。“真像。”倪匡兄用双手比画女人胸部。

他想买来吃，却被我禁止：“等一会儿就要去吃人参鸡，别破坏胃口。”

餐厅里，女侍应用英语偷偷问我：“那一位是不是香港来的大作家？”

“你怎么知道？”我问。

“我两年前在电视上看过他的访问呀！”

“小说呢？有没有看过？”

“看过《倚天屠龙记》。”她说。拿了纸笔，请查先生签名。查先生问过她的名字，不必思索，即刻作出一对对子，里面含着她名中二字。侍女大喜。

我们这次旅行，吃了睡，睡了吃，风景也不去看了。我当成是休息，睡得够，每天清晨起身一篇稿，也觉得轻松。三天就那么一转眼过去，倪匡兄大叫：“真快，‘快活’这两个字，就是那么造出来的。”

从首尔到釜山

到了韩国，不试一次他们的宫廷菜不行。各地餐馆都标明他们做得最正宗，但这和价钱有关，太便宜的不用去了，齐全的，每个人得花上千港元。

常去的一家餐馆叫“韩味里”，在江南区。我们住的新罗酒店在江北，从江北到江南从前常塞车，当今首尔已有智能交通管理系统，可在大屏幕上看到各处的堵塞情形，这是用人民的智能身份证、八达通车票等资料取得的，再尽量通过交通灯、巴士专线、交通警察的疏导来解决问题，变成只要半小时就到达。

餐厅装修得豪华，那一餐应有尽有。先让客人喝一碗南瓜粥来暖住胃，喝酒才不伤。再来的是名贵的野生黄鱼，一个人两大尾，红烧的和烧烤的。接下去是九折板、神仙炉、海鲜汤、红烧牛肉。泡菜一出两组，送酒的和送饭的各不同，每组都有七八种不同的。其中留下印象的有卷心菜 kimchi，即将卷心菜的中间挖空，填入萝卜、白菜、青瓜等泡菜，用大卷心菜叶包住，再腌渍过才上桌的，配松茸蒸饭。大家说再也吃不下去时，甜品上桌，又吞噬。这一餐无人不赞好。

睡了一晚，是时候出发到釜山了。这几天乘的都是阿里峇峇安排的豪华巴士，将四十座打通成二十四座，坐得舒服，这种巴士日本都少有。我们坐到中央车站，搭高速火车。搭火车的麻烦之处是行李不能超重，已安排好另一辆货车先行，我们到釜山酒店时行李已放入房间。

先在火车站逛逛，商店林立，在小卖部里可以找到“X10”这种小罐饮料。韩国人十分迷信它的功效，说会强精。这个商品非常难买，因为不在超市和便利店发售，只给老太太们在街上卖，帮助她们的生计。但车站老太太进不来，我们也就在小卖部买到了。试了一罐，功效如何不知，味道和口感像养乐多。

从首尔到釜山的高铁，车程说是两小时，其实要坐两个半钟。一路上大家聊聊天，很快就到。这回团队中有两位友人特别欣赏韩国菜，什么都吃，我看到他们开心，自己也高兴。其中一位已经是“识途老马”，因为他女儿要出国留学，他先把她送到济州岛，并在那里买下房子长居。

为什么是济州岛？济州岛除了阳光和海产，没有什么资源。

当然也有很多高尔夫球场，但到底不足。这时当地政府想出了一个方案，就是在岛上设立多间国际学校。韩国其他地方的人纷纷把子女送到这里，让他们学好英文。学校也招收外国学生，结果报名踊跃。大家看有生意做，纷纷开校。

据说美国著名的常春藤联盟 Princeton[167] 也将在那里办一间预科学院，学生毕业后，就很容易进入名校。这也有不少好处：第一，到韩国又可以学多一种外语；第二，学生非富即贵，今后建立的人脉关系对事业十分重要。

济州岛数年前还优待外国人，投资四十万美金便可以拿到临时居民证，出入韩国十分方便。后来大家挤着去投资，当地政府才关上这扇大门。

可惜我们这次没有时间去济州岛，不然真想去看看那家鲍鱼厂。我在香港食品展的韩国摊档试过一种鲍鱼，味道难忘。那是将小的野生鲍鱼用最新科技抽干水分，制成的爽脆的鲍鱼饼干。一口一只鲍鱼，细嚼后发现鲍鱼味非常之浓郁，绝对是送酒的新品种。只可惜售价太贵，非人人吃得起的，是贵族的小吃。

釜山最高级的酒店是釜山威斯汀朝鲜酒店，就在海云台。从一整排的玻璃窗望下，海水清澈见底，连片弯月形白沙滩长达一二里。

各种设施当然一流，早餐也丰富，但是最好的，还是这家的理发店，就在地下层水疗的旁边。这里也有温泉，泡一个浴后就可以去理发。

我不知道说过多少次，韩国的这种服务，其他地方少有。所谓“理发”，不一定是剪头发，也可能是按摩。先洗个头，再剃胡子，然后脱了衣服，剩下底裤，躺在床上。所谓的床，是将理发椅一拉开，就变成一张阔大的床。

女技师在你身上涂了乳液，开始按摩。水疗等其他机构的按摩服务，技师不是力小，就是变成了老油条，力度一定不够。这里的技师使尽吃乳之力帮你把全身放松，再用十几条毛巾热敷，是一场舒服无比的经验。

按完身，再做脸。一向不喜欢什么面膜之类的护理，这里的是把苦瓜冷冻后刨成薄片，再将清凉的一片片敷在你脸上，最后又用热毛巾包裹。

全身各处按摩，但无色情成分，女宾也可以来享受。床位各有帘子，一拉上就是一间关闭的小房间。这种理发室在首尔的新罗酒店也有，从前在二楼，现在搬到五楼，若到韩国，不可不试。

韩味里

首尔江南区大峙洞 968–4　+82–5568688

Park Hyatt [168]

入住江南区的Park Hyatt，这家酒店是全城最新的。司机也找不到入口，只看见一条小径，说什么也觉得不可能是通到大堂的，以为是去停车场。

大门小得不能再小，像钻进山洞，当今这种设计最流行。电梯只有三部，到了二十三楼，才是大堂。

一切都是几何形的，冷冷冰冰。

入房，是落地玻璃窗，客人可直望街上和隔壁的房间。浴室亦通透，随时能窥鸳鸯戏水。

渴望喝一杯浓普洱，但房内照样没有热水壶，也不设牙刷与剃刀。

床宽大，边上有张贵妃椅。韩国电器产业发达，电视机都是扁平的，这一点比纽约的豪华酒店进步得多。

浴缸四四方方，但很大很深，是特点。花洒两种，拿下来淋身的和直接从头上冲下的。这种花洒我们很喜欢，男人都爱当头淋。女士们就讨厌了，一不小心开错掣，一个精心设计的发型就没了。

桌子上已经摆好个小食盒，打开盖子，里面分四格，有一小串一小串的烤银杏、柿饼、鱿鱼丝和各类糖果。好歹睡了一夜，第二天清晨写稿时拿来充饥。

要沏茶总可打电话叫服务员把滚水拿来，但我一向不钟意那么麻烦人家，只用矿泉水解渴，更觉电热水壶的重要。

写完稿拿去柜台传真，女服务员个个长得高大，一身仿亚曼尼时装，样子都不输李英爱。

到咖啡室试早餐，又见冷清的几何设计。早餐不是自助的，需个别点菜。橱窗内的火腿和面包引不起食欲，只有往外跑，吃街边的。

也许年轻人会喜欢这一类的酒店吧，承认与他们有代沟，我还是住惯有气派的。虽然新一派人士认为酒店不必一定是传统的形式，但是我们到底是想舒舒服服住一宵，不要在精品时装店内过夜的。

The Shilla

Shilla，汉字是“新罗”。The Shilla 这间酒店，是首尔最高级的，像东京的“帝国”，香港的“半岛”。

建于一九七九年，它不断地翻新，房间还是那么宽大，那个年代的，不会太狭。设备齐全，有五百零七间客房，餐厅，酒吧，会议室，商务中心，健身室，spa，室内、户外游泳池，高尔夫球场，等等。

从房间的窗口望出去，是整个南山的风景，特别优美。最具特色的是一个十亩[169]地的花园，摆满了韩国艺术家的雕塑。

南山离市中心其实并不太远，慢慢散步，二十分钟抵达，但也有穿梭巴士载你到明洞或东大门等购物区。

The Shilla 大堂很高，很有气派，不似当今的建筑那么寒酸。进口处的旁边有一古老的韩式建筑叫“迎宾馆”，当今用作宴会厅。

相互连接着的两层楼建筑，是免税购物中心，随时能找到日常用品和手信。

房间很舒适，浴室亦大，大床软硬恰好。最小的房间，已比新派酒店大一半。我们旅行团住的，将会升级到超级豪华房。

有无线和有线的网络，电脑连接不在话下。书桌上还摆着一部最新型的手机，可免费借用。来到韩国最麻烦的是电信系统不同，其他国家的手机都派不上用场，租的又常出毛病。在这家酒店，你可以拿房间内的手机外出，酒店供应你一个私人号码，随时打出打进，当地友人若来电，任何留言随时接通。

大屏幕的扁平电视已很普遍，看电视时有人打电话给你，电视的音响便会自动调低，无微不至的服务，是其他酒店做不到的。

在此住下，房租当然相对高昂。我们的韩国旅行团，住得贵，吃得也贵。贵不是问题，问题在于是否物有所值。什么叫“物有所值”？全程费用，比客人自己来花得更少，就是物有所值了。

新罗酒店理发厅

到韩国去，当然要试那边最好的东西。

我每次组织旅行团都有个主题。这回去首尔，是去经历即将消失的妓生宴：由二十名穿韩国传统衣服的少女服侍，欣赏她们载歌载舞的艺术以及贴身的服务。大家都十分高兴。

另一种至高的享受，就是韩国的理发厅。

我数十年前初到韩国，从日本乘船，在釜山登陆，一路坐火车，每一个站都停下来玩。到了一个小镇，有两个钟的停留时间，去一家理发厅，经验老到的男师傅前来修发，年轻小伙子大力洗头，吐气如兰的少女剃须，一切在温柔中进行。

听到了汽笛声，火车出发，我留在理发厅，不愿走。

这种服务，是全世界难觅的，洋人一辈子也享受不到。当今，也已消失。仅存的，便是开在高级酒店内的理发厅了。

新罗酒店为首尔最好的，毫无疑问。

电梯门在三楼一开，转右，就能找到。客人先换上理发袍，上身不穿内衣，底裤保留。

一格格的间隔，拉开布帘，便是一个小天地。理发照旧由男性大师傅负责，其他的全靠女的了。

坐在舒服的椅子上，女郎先提起你一只脚，把毛巾铺在洗脸缸边，让你垫着。然后脱下袜子，涂以皂液，仔细地为你洗，脚趾一根根轻揉，穴位一个个大力按着。

最少五分钟，再换另一只脚。

起身，她在椅上铺了海绵垫，变成一张大床。

除去浴袍，女郎为你在背部涂上乳液，开始按摩。完毕，铺上一条二条三四五六七八条热毛巾。

忽然，她一跳，跳到椅上，双手抓着天花板的铁杆，用脚踏在你背部的中心。当你感到太重时，她“唰”的一声，双脚左右滑下，这个举动，重复又重复。

拉开热毛巾，再用一条新的。把你背部擦个干干净净，又开始下半身的按摩。

闭着眼睛享受时，感觉到有另外一双手，原来还有另一个女子静悄悄地走了进来。她是女郎的徒弟，一面为你服务一面学习师傅的动作，这是培养新血的最佳办法。

毛巾塞在你内裤之中，尽量按摩你身上所有的部位，除了最敏感的。韩国的高级理发厅，没有色情，但求肌肉上所有的感官刺激。

这时翻过身来，她用双腿夹着你的手臂，在你腕弯处按摩。然后用她那平坦的小腹顶着你的双脚，用手压着你生殖器两旁的穴位。她这个举动维持甚久，一放手，你血液冲上，感到一阵温暖。

腹部推按是很舒服的，尤其对那些略大了肚子的中年人来讲。她的手势是双边按了，上下推了，再一周又一周地打圆圈，愈摸愈低，但永远碰不到你最敏感的部位。

按完腹部按胸部，和背部的过程一样，涂了乳液后用大量毛巾热敷，双腿也用热毛巾包扎。

通常到了这个步骤时，客人已昏昏入睡，忽然醒来，是因为她在你的生殖器周围按摩，这个疗法当今已有个医学名词，叫“前列腺按摩”。人体中有许多穴位，是自己找不到而不太去碰的。经过此疗法，是不是有疗效，我不知道，但是感到舒畅，却是毫无疑问的。

女郎打开塑料袋，取出一条新的毛巾把周围擦得干干净净之后，便丢进废纸篓中，再也不用了。

以皂液洗手后，她处理你的头部，在双眼和鼻梁之间大力按下去，下巴的凹入位亦然。脸部按摩不像一般的 facial[170]，没有多余的动作，全中穴位。

仔细地洗头，一次又一次，客人从头到尾躺着，不必起身。

接着用一把比普通的剃刀小三成的利刃刮胡子。慢慢剃，找到一根就剃掉一根，摸了一下，找到另一根，又剃掉了。经过脸部按摩之后，须根已软，像切豆腐般，就算刮得很贴，也毫无痛楚。

剪鼻毛，然后掏耳朵，这个过程尤其仔细，最后用棉花棒蘸药水消毒。

梳过头发，献上一瓶红牛强精液，再给你一杯热的人参茶。

应该起身穿回衣服，她示意你还是坐在椅子上，为你把袜子一只只穿上。

是付小费的时候了。建议你先把大部分的预算在小空间内给了她，出了门付账时，把剩余的小费当着经理的面前再给。这一来，她的小费就不必被店里分去一半了。

如果是一个真正的男子，不可能不会感到这是最高的人体享受之一。到了首尔，千万别错过。这些女人一老，就没有资格来上班了。

为我服务的那位女子叫 Miss Jeong。

新罗酒店理发厅

THE SHILLA BARBER SHOP 3F. 202-2,GA, JANGCHUNG-DONG JUNG-GU. SEOUL

2233-3131 EXTN 3709 OR 2238 6169 DIRECT

注　释

1. 山瑞，鳖科动物。在中国属国家二级保护动物，不能食用。
2. 客，粤语，用于论份儿出售的食品、饮料。
3. 生蚝，牡蛎的别名。
4. September，英语，九月。
5. December，英语，十二月。
6. 天妇罗，又称“天麸罗”，日式料理中鱼、虾或蔬菜裹上面糊油炸的食品。
7. 乌冬，一种以小麦为原料制造的日本面。
8. 当造，粤语，当季。
9. Kinki，日语罗马字，喜知次鱼。
10. Isaki，日语罗马字，石鲈。
11. 油甘鱼，鰤鱼的别称。
12. 湖南，湖南市，日本滋贺县东南部的市。
13. 水路，粤语，路程。
14. 盛惠，粤语，用于店铺老板对客人的惠顾表示感谢，即“谢谢光临，请付款”的意思。
15. Sukiyaki，日语罗马字，锄烧。
16. 英尺，英制长度单位，1 英尺合 0.3048 米。
17. Oden，日语罗马字，关东煮。
18. 有得，粤语，后随动词，表示可能。
19. Hanpen，日语罗马字，鱼肉山芋饼。
20. Satumaage，日语罗马字，炸鱼肉饼。
21. Hirousu，hiraten，皆为日语罗马字，食品名。
22. 档口，粤语，做小生意的商店。

23. Tomeshi，日语罗马字，和饭。
24. Tako 梅本店，店名。
25. Nikka，日本威士忌品牌名。
26. Suntory Red，日本威士忌品牌名。
27. Double，英语，双倍。
28. Suntory，日本品牌名。
29. Suntory Old，日本威士忌品牌名。
30. 沟，粤语，掺和。
31. High ball，一类鸡尾酒的统称。
32. Heavily Peated，日本威士忌品牌名。
33. Ichiro，日本威士忌酒厂名。
34. 得，粤语，表示能够。
35. Ichiro's Malt & Grain，Ichiro's Malt，Chichibu Newborn Barrel，Ichiro's Malt Chichibu The First，都是 Ichiro 酒厂出品的酒的名字。
36. Tore Tore Ichiba，店名。
37. 平方英尺，英制面积单位，1 平方英尺约合 0.093 平方米。
38. Hon maguro，日语罗马字，本鲔。
39. Maguro，日语罗马字，金枪鱼。
40. Toro，日语罗马字，金枪鱼脂肪多的部分。
41. 朱古力，粤语，巧克力。
42. Unidon，日语罗马字，海胆丼。
43. 放题，日语，毫无限制地。
44. 劏，粤语，本义是宰杀，是指把动物由肚皮切开，再去除内脏。

45. Hoke，日语罗马字，远东多线鱼。
46. 盘，粤语，量词，用于棋类活动或商业活动。
47. 巴仙，东南亚一带的华人用语，由英语的“percent”音译而来，普通话称为“百分之”。
48. Kimo yaki，日语罗马字，肝烧。
49. Omakase，日语罗马字，主厨推荐。
50. Okonomi，日语罗马字，单点。
51. Okimari，日语罗马字，套餐。
52. Latour，Romanee Conti，都是法国酒名。
53. Atsukan，日语罗马字，烫热的酒。
54. Reishu，日语罗马字，冷饮的酒。
55. Hiyazake，日语罗马字，冷酒，凉酒，没温过的酒。
56. Evian，依云。
57. Gurume，日语罗马字，美食。
58. 木鱼，粤语，晒干的鲣鱼。
59. 鮨，日语，寿司。
60. Shabushabu，日语罗马字，涮牛肉。
61. Scampi，英语，龙虾。
62. Pichon-Longueville Comtesse de Lalande，酒名，碧尚女爵。
63. Rare，英语，一分熟。
64. Blue，英语，近生。
65. Very blue，英语，极生。
66. Tenderloin，英语，（牛或猪背腰处的）嫩腰肉，里脊肉，西冷牛排。

67. Sirloin，英语，牛的上腰肉，牛里脊肉，菲力牛排。
68. Medium rare，英语，三分熟。
69. Medium rare rare，英语，二分熟。
70. Medium medium rare，英语，四分熟。
71. Medium，英语，五分熟。
72. The one between medium and medium well done，英语，六分熟。
73. Medium well done，英语，七分熟。
74. The one between medium well done and well done，英语，八分熟。
75. Well done，英语，全熟。
76. 公仔面，原为香港方便面品牌，后成为方便面代名词。
77. 海老，日语，虾。
78. Otsuna 寿司，店名。
79. Inari zushi，日语罗马字，稻荷寿司，一种油炸豆腐包的寿司。
80. Yakko，Unagi 色川，高嶋家，鰻割烹大和田，Unagi 秋木，鰻割烹伊豆荣，皆为店名。
81. 春子鲷，鲷鱼的幼鱼。
82. 鰊，日语，鲱鱼。
83. 帆立貝，日语，扇贝。
84. 墨烏賊，日语，乌贼的一种。
85. 牡丹海老，日语，牡丹虾。
86. 甘海老，日语，甜虾。
87. 白海老，日语，白虾。
88. 车海老，日语，大对虾。

89. 白烏賊，日语，乌贼的一种。
90. 穴子，日语，海鳗。
91. 太刀魚，日语，带鱼。
92. 喉黒，日语，口腔内后部分呈黑色的鱼。
93. 青柳，日语，蛤蜊的斧足。
94. 北寄貝，日语，厚壳蛤的别名。
95. Mebachi maguro，日语罗马字，大眼金枪鱼。
96. 御飯，日语，米饭。
97. 大盛，日语，大份的。
98. Ritz-Carlton，酒店名，丽思卡尔顿。
99. 抵埗，粤语，到达。
100. Kasugo，日语罗马字，春子鲷，鲷鱼的幼鱼。
101. 叹，粤语，享受，慢慢品尝。
102. Tokyu Inn，东急商务酒店。
103. Cairn，英语，石堆纪念碑，石冢。
104. Tsunahachi，日语罗马字，店名，纲八。
105. 蛇饼，粤语，排队队伍过长而空间不够，以至队伍如蛇盘起般弯曲成一团，粤语称为“打蛇饼”。
106. Spa，水疗。
107. 女大将，日本人称呼“老板娘”“女掌柜”等为“女将”。
108. 横纲，日本相扑运动员资格的最高级。
109. 畳，计算榻榻米的量词，张，块。
110. 风吕，日语，澡堂，浴室，澡盆。

111. Takagen，日本商店名。
112. 标青，粤语，非常出众。
113. 帮手，粤语，帮忙。
114. NHK，日本放送协会。
115. 办，粤语，货样。
116. Noren，暖帘，门帘，挂在铺子门上的印有商号名的布帘。
117. 钟意，粤语，喜欢。
118. *Sarai*，日本杂志名。
119. 卡，粤语，车皮，车厢。
120. Flower，英语，花。
121. 钟，粤语，小时。
122. 晕陀陀，粤语，晕乎乎。
123. Thunderbird，“雷鸟号”列车。
124. 平方英寸，1 平方英寸约合 6.4516 平方厘米。
125. Gyarari，日语罗马字，走廊；长廊；画廊；陈列馆长廊，陈列馆。
126. 土炮，粤西一带俗指农家用纯米自酿的米酒，一般度数较高、口感醇烈、后劲大。
127. The Shigira，酒店名，圣吉蓝。
128. 尺，市制长度单位，三尺为一米。
129. Makkoli，韩语罗马字，马可里，一种韩国米酒。
130. Kimchi，韩语罗马字，韩国泡菜。
131. Petit Season，韩国餐馆名。
132. Fusion，英语，融合。

133. 2 Javenue，韩国摄影工作室名。
134. 外劳，粤语，外派劳务人员。
135. Check-in，英语，办理入住手续。
136. Noshi，韩国店名。
137. 明太鱼，正式名称为黄线狭鳕。
138. Doota，a_pM，皆为购物商城名。
139. 欠奉，粤语，原指欠俸禄，引申为不提供某物的意思。
140. 汉城，韩国首都首尔旧称。1394 年，李氏王朝迁都于此，始称“汉城”。2005 年 1 月，“汉城”的汉字书写确认为“首尔”。
141. Ryunique，韩国餐厅名。
142. Hybrid Cuisine，英语，混合菜肴。
143. Momofuku 为纽约餐厅名，David Chang 为其创始人。
144. Bicena，韩国餐厅名。
145. Mingles，Martin Berasategui，Nobu，皆为餐厅名。
146. 稳阵，粤语，稳妥，安全。
147. The Shilla，首尔新罗酒店。
148. Nai，arimasen，日语罗马字，表示否定。
149. Acquired taste，英语，起初不喜欢、后来逐渐培养的爱好。
150. Boksam-kimchi，韩语罗马字，一种韩国泡菜。
151. TABASCO，辣椒仔辣酱。
152. Emart，韩国大型连锁超市。
153. Peacock，食品品牌。
154. 餸，粤语，下饭的菜。

155. Spam，英语，午餐肉。
156. 出前一丁，日本日清食品的即食面品牌之一，意译为“速递一份”。
157. Grappa，意大利语，格拉巴酒。
158. Slivovitz，英语，梅子白兰地。
159. Raki，葡萄酒，梅酒。
160. Ouzo，茴香烈酒。
161. Ricard，法国酒名，里卡尔。
162. Pernod，法国绿茴香酒，潘诺。
163. Absente，法国酒名。
164. 弹牙，粤语，一般是指吃到的食物很爽口、很有弹性。
165. 里，市制长度单位，1 里为 500 米。
166. 驳，粤语，连接。
167. Princeton，英语，普林斯顿大学。
168. Park Hyatt，首尔柏悦酒店。
169. 亩，市制面积单位，1 亩约合 666.667 平方米。
170. Facial，英语，面部按摩。